好棒棒 火柴人的神簡報術

用畫畫做簡報研究所負責人
河尻光晴 著
蔡幼茱 譯

青丘文化
Green Hills Publishing House

前言…沒有口才也不怕，火柴人改變我的人生！

「真希望可以精準向大家傳達我的想法……」

在職場或日常生活中，你是否有過以下經驗？

- **無法用言語或文字完整表達自己的想法或心情，所以打動不了對方。**
- **不論是對下屬下達指示，或是向客戶提案，都很難引起他們的關注。**

強烈的挫折感讓你深刻體認到：只靠言語，實在很難將想法充分傳達給他人。

無論你是不擅長對話或文章書寫，只要學會本書傳授的畫畫技巧，都能藉由簡單的神來一筆，讓溝通交流更加順暢。

可能有人會擔心「我超不會畫啊，一定學不來啦！」一開始就心生退意。

別擔心！這裡說的「畫畫」，不是要你畫出大師等級的藝術作品，而是簡單組合—、〇、△、□等基本圖形，輕鬆畫出生動可愛的「火柴人」。

我相信，透過這種超簡單的表現方式，任何人都能掌握最強大的溝通武器，實現「輕鬆對話」、「容易理解」、「精準傳達」。

突然滔滔不絕地說起對火柴人的熱愛，是我太唐突了，希望沒有嚇到各位讀者。那麼，請容我正式向大家自我介紹一下。

我目前舉辦一系列的繪畫課程及研討會，教授學員如何「用圖說故事」，將「畫畫」作為溝通或簡報技能之一，並加以靈活運用。自二〇一五年起，我以名古屋為據點展開活動，後來因為新冠疫情的蔓延，二〇二〇年開始將活動從實體會場轉移至線上課程。

結果，不僅國內的學員人數成長，就連香港、澳洲、法國和義大利等海外地區的學員也陸續增加不少。

我曾任職於文教類出版社的產品開發部，也在商業印刷公司擔任過中小企業行銷及品牌推廣文宣的美術指導。我的工作就是協助各家企業透過傳單、小冊子、網頁和宣傳影片的設計，將該企業的價值及理念藉由視覺化的呈現，傳達給更多顧客，至今累積的相關資歷超過十五年。

一直以來，我在這份工作中最重視的就是「以視覺呈現達到最佳的溝通效果」。這個理念不僅是我對平面設計成品的衡量標準，在工作討論、會議及簡報等商務場合，我也會要求自己務必做到這一點。

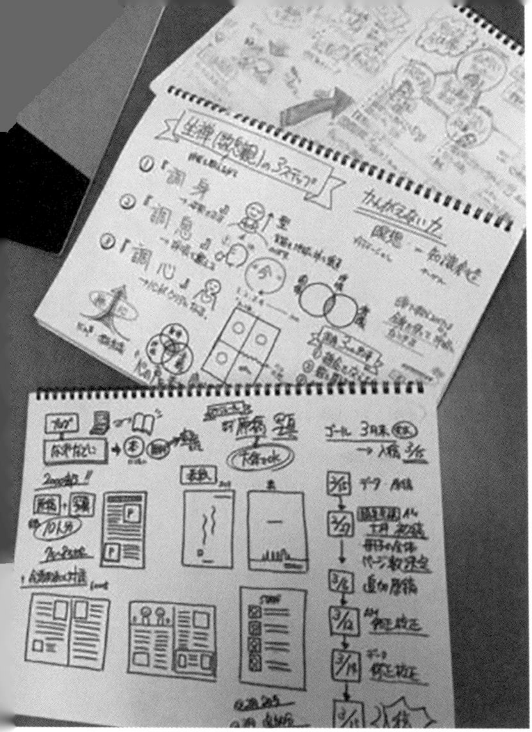

照片1 我在工作討論中實際使用的素描本

天生笨嘴拙舌的我，自知無法靠說話或文筆來吸引人們的注意。因此，我養成了一個習慣，在筆記本或隨身的記事本上畫畫，然後在談話之際向對方展示這些圖畫。

因為不擅言詞，所以我非常依賴視覺傳達。我會使用素描本或白板，在傾聽他人想法的同時，將自己接收到的訊息畫出來，當場跟對方確認自己的理解是否正確。我發現這樣的溝通方式有許多優點。那些光靠言語說明無法完整表達的事，或是雙方必須花較長時間才能達成共識的事，當下就能透過圖像傳達，以最直觀的方式和對方共享，也更容易得到彼此的共鳴和認同。我逐漸確信，畫畫是最佳的信息傳遞方式，也是最棒的溝通方法。

在這個過程中，由於周遭不少人主動提出：「我想請河尻先生教我畫畫和做筆記。」於是我開始在朋友圈舉辦小型繪畫班，這也成了我現在繪畫課程的起點。「我不太會畫畫。」「我真的畫得很爛，沒關係嗎？」前來跟我學畫畫的都是不擅長繪畫的人。

為了讓他們掌握「畫畫」這一門「溝通技能」，我以「任何人都可以輕鬆畫」為前提，最後研發出一套獨家的「火柴人繪畫技巧」。相信大家都曾畫過火柴人，對吧？乍看雖然只是「進階版的塗鴉」，前來跟我學畫火柴人的學員，在課程結束後，往往不會止於「這堂課還挺有意思」的感想，而是進一步將所學落實在日常中的各種應用。從他們那裡，我收到許多令人開心的反饋：

「我在線上會議用火柴人做自我介紹，大家很快就記住我的名字。」
「透過火柴人，可以大膽說出自己平時不太談論的想法或心情。」
「我在公司的內部培訓時畫火柴人解說，大家都笑出來，現場的氣氛一下子就熱絡起來。」
「大家都累得筋疲力竭時，我畫了一個累翻的火柴人再加上一句話，原本沉重的氣氛立刻活潑起來。」
「每天在社交媒體發火柴人的圖，我收到越來越多點讚。」……。

近年來人們對智慧型手機和電腦的極度依賴，導致人與人之間的溝通變得越發不足，手繪火柴人反而給人一種「有溫度」的親切感。

我會在書中說明如何將「火柴人」應用在工作與人際交流，並介紹各種「畫圖說故事」的技巧和方法。期望這本書能為你帶來「動手畫畫的自信」，讓你體會「充分傳達的喜悅」，進一步提升你和周遭人們的溝通及交流。

接下來，就讓我們開始上課吧！

火柴人課程
學員們的課後感想

火柴人雖然簡單，視覺效果卻很強烈。畫在促銷海報（POP）上，感覺更容易吸引顧客的注意。我剛開始畫時，線條長度和整體平衡的掌握不太好，多練習幾次後逐漸抓到了訣竅。只要在曲線或角度之類的細節下一點工夫，就能畫出如此生動的火柴人，感覺會畫上癮呢！

（N・M／銷售員）

我想應該沒有什麼動作是火柴人無法呈現的吧！老師教的火柴人線條看似簡單，背後肯定花了不少心思鑽研，初學者如果想要提升畫畫功力，最快的捷徑就是直接模仿老師畫的火柴人。

（Y・T／教練）

火柴人與其說是畫畫，感覺更像幾何圖形的組合，即使是較粗枝大葉的男性或沒什麼藝術天分的人也能畫。我覺得火柴人的應用充滿了無限的可能。

（K・H／公司經營者）

剛開始我連圓形都畫不好，如今進步了不少。沒想到在圖畫加上效果線，還能營造出截然不同的效果。只靠線條就能畫出如此生動的火柴人，而且連我這樣的初學者都辦得到，河尻老師研發的火柴人真是太棒了！

（T・N／上班族）

火柴人的手腳雖然只是簡單的線條，卻能呈現出立體的躍動感，實在太厲害了。我一定要多多練習，讓火柴人成為最強搭檔！

（R・T／**講師**）

聽完老師講解怎麼組合幾何圖形畫火柴人，我茅塞頓開。實際動手練習，跟著老師用各種不同組合，畫出各式各樣的表情，不知不覺間就學會了畫畫的技巧。有機會的話，我還想再上老師的課，學習更多訣竅。

（T・Y／**臨床心理師**）

原本以為自己「一定畫不好！」沒想到這麼輕鬆就能畫出生動的火柴人！真是太強了！隨著火柴人的表情躍然於紙上，心裡也有種踏實的成就感！表情的力量實在是太神奇了！

（M・Y／**保健室老師**）

從事會議引導時，我經常需要畫圖解說，所以很慶幸自己學會畫火柴人。沒想到我居然能畫得這麼好！ 一旦掌握了繪畫的基本技巧，自然就想要多畫，在日常生活中多多活用火柴人。

（Y・M／**物理治療師**）

太驚喜了！原以為只是單純畫個火柴人，誰知用途竟然超乎想像！「用火柴人說故事」不但可以應用在工作，還能用簡單易懂的方式解說複雜困難的道理，或是呈現一個更吸引人的世界，讓人產生「我也想加入！」的渴望。連沒有繪畫天分的我也迷上畫畫，好想讓更多人知道火柴人的魅力！

（O・K／**心理諮詢師**）

目次

第1章

「火柴人」可以解決你的所有煩惱！ 17

工作或人際關係都適用！畫畫是最棒的溝通利器

第2章

沒想到「火柴人」在工作上超好用！

第3章

沒有繪畫天賦也OK！任何人都會畫的火柴人 83

準備好紙筆，動筆開始畫就對了

第4章

活用火柴人的圖解訣竅

讓說明更簡單好懂的進階用法

第1章

「火柴人」可以解決你的所有煩惱！

工作或人際關係都適用，畫畫是最棒的溝通利器！

「畫圖說故事」也是一種溝通技巧

口才不好的人、人前說話會緊張的人、不擅長將心中想法組織成言語，為此苦惱不已的人、工作需要經常開口說話卻無法有效溝通的人、有簡報恐懼症的人、覺得企畫書、提案報告這類文件太制式無趣，正尋思有什麼辦法可以改善的人……本書就是專為這樣的人所寫的。

我所開設的插畫課程，主要的服務對象正是不擅長畫畫的商務人士。課程中不只傳授繪畫的技巧，還提供學員們更重要的其他價值。

如果你只是單純想學畫畫，想要體驗繪畫的樂趣，建

想借助圖畫讓說明更好懂……

議去上文化中心的課程即可。來上我插畫課程的學員們，並非只為了學習如何畫「火柴人」，他們之所以想學畫火柴人，其實是另有所圖。

而他們的真正目的，正是我推廣「火柴人」的理由。很多人一聽到「畫畫」兩字，就會先舉起白旗放棄：「我沒有畫畫天分，學不來啦……」別擔心，如果是火柴人，每個人應該都會畫吧。無論你的繪畫水平如何，火柴人都能幫你達成「真正目的」。在指導學員的過程中，和許多人實際接觸過後，我發現前來跟我學畫的人，他們的「真正目的」主要可以分為以下三種：

❶讓自己的說明更簡單好懂

❷增加言語的情緒渲染力

❸活絡現場的氣氛

來上我插畫課程的人，並非為了學畫，而是想要「讓溝通更有效率」、「表達自己的情感」，還有「活絡現場的氣氛」。

學員們的職業涵蓋了各行各業，有公司老闆、學校教師、講師、顧問、市議員、教練、醫師、護理師、照護人員……。這些人的共通點在於，他們從事的都是需要與人對話的工作。

如何更好地表達自己想說的事情？怎麼做才能有效提升溝通的成效？學員們對「畫圖說明」這種與說話或文章書寫截然不同的表達方式非常感興趣。

也就是說，他們期待透過「畫畫」來提升自己的溝通技巧。

●學會畫畫可以獲得的三大好處

只靠口頭說明成效有限……

圖畫一看就懂

學會畫畫究竟能得到怎樣的好處呢？答案就是前文提到的、學員前來跟我學畫畫的「真正目的」。

❶ 讓說明更簡單好懂！

懂得活用圖畫這類視覺傳達工具，有助大幅提升你的解說能力。覺得光靠說話或文字無法充分表達、擔心無法給對方留下足夠深刻的印象……畫畫無疑是解決以上煩惱的最佳方案。訴諸於視覺的表達方式，能讓你的想法當下立刻傳達給對方，還能留下印象，無須花費過多唇舌說明，也不用再三強調同一件事。

火柴人有助於降低溝通傳達所需的勞力和時間成本，對「工作方式改革」有所貢獻。

❷ 增加言語的情緒渲染力！

簡報或對話的時候，最怕聽眾或說話對象沒反應。進

即使是口才不好的人……

圖畫的輔助讓你更從容

一步追問對方的感想，卻只得到「大致可以明白你想說的意思，但沒什麼共鳴……」的回應。

聽到這樣的話，應該會相當沮喪，想要反駁對方：「我就是忍不住會緊張嘛，這種事怎麼能控制！」一般人缺乏專業演員、演藝人員或主持人那樣訓練有素的口才，想靠話語來表達自己的情感，實在不是簡單的事。

一提到口語表達技巧，我們馬上會聯想到「聲調起伏」、「適當留白」或「心態調適」等訓練，可這些要點一旦沒掌握好，反而會顯得太做作不夠自然。

「畫圖說明」由於加入「拿著圖說話」、「指著圖解說」之類的自然動作，為講者創造了適當的「留白」。此外，情緒的波動起伏也可交由火柴人來表現，即使講者的說話方式稍嫌單調，甚至照著稿子念，聽眾也不會覺得無聊。

沒人發言的尷尬現場……

圖畫能緩解緊張的氣氛

❸ 畫畫能讓現場氣氛更融洽！

身處繁忙的職場，人與人之間的溝通容易流於公事公辦，不夠有人情味。會議氣氛過於嚴肅的話，與會者自然不會踴躍發表意見。事前若沒先跟眾人打好關係，講者和聽眾都會處於緊張狀態，導致冷場。

此時要是有一張圖畫，就可以有效破冰。只是在白板或桌上便條紙畫個火柴人，就能活絡現場氣氛，緩解眾人的緊張。

當你有話想說，期望獲得對方的理解，在開口說服之前，要不要試著先畫個「火柴人」呢？就算沒有口才，也能靠火柴人替你破冰喔！

學會畫火柴人以後，之前的煩惱會出現怎樣的變化呢？接下來讓我為大家一一道來。

人前容易緊張，
無法暢所欲言……

學會畫火柴人帶來的改變❶

聽眾的視線集中在畫上，無需視線交流
圖畫也能代替提詞卡，防止忘詞

在人前說話之所以容易緊張，原因大致如下：無法適應眾人的視線、擔心失誤或忘詞、不熟悉在公眾面前說話的肢體語言（手勢和動作），不知道手該放哪裡、視線又該往哪裡看……。

「用圖畫說明」的話，以上問題都能馬上解決。

透過視線的引導，巧妙吸引聽眾的注意力，再搭配你

打造不費勁也能順利傳達的現場氛圍

親手畫的火柴人或肖像漫畫……這麼一來，會產生怎樣的效果呢？

無須太費力氣就可以營造出和諧、令人安心的現場氛圍。當自己的想法得到聽眾善意的接納，也會增加你在人前說話的自信。

而且，透過圖像的輔助，你想傳達的內容也能透過視覺的表達變得更為明確，可以避免不小心遺漏重要訊息，以及演說時常發生的忘詞問題。就算不小心卡詞或解釋得不夠清楚，由於圖像可以幫助理解，聽眾也會以友善的態度接納你。

此外，搭配圖畫說明的簡報方式，也能為你創造有利的情境。

在眾人面前說話最常見的煩惱之一，就是「手不知道該放哪裡」。兩手空空的時候，人們會下意識將雙手交叉在背後，或是手不自覺地晃來晃去，給聽眾留下眼前的講者不夠鎮定、缺乏自信的負面印象。

使用圖畫說明時，手部動作自然會有其「意義和目的」，再也不用煩惱「手不知該放哪裡」的問題。

舉例來說，「畫圖」、「擦掉」、「出示」、「手持」、「隱藏」、「舉起」、「移動」、「拿近」、「拉遠」……在講者說明的過程中，這些動作可以持續吸引聽眾的注意，不讓對方無聊，而自然的動作也會讓講者越發從容。

而且，說話時手上拿著素描本或翻頁解說板，「手的位置」固定，身體的軸心自然也會穩定，有助緩解在人前說話時的緊張或不安。

●鏡頭前說話時，手上有圖讓你更冷靜自信

最近，我收到來自「用畫畫做簡報」課程學員的喜訊。那位學員參加某團體舉辦的專案成員甄選，成功得到錄取。

他在面試時採取素描本簡報（sketchbook presentation）的方式。在兩分鐘的線上簡報，他拿著一本畫有自己肖像漫畫和求職動機的素描本，照著圖進行簡報。他用圖畫來呈現自己想要傳達給主考官的想法，透過這個方式，他得以在簡報的過程中保持從容和自信。「結果我真的錄取了！」學員高興地對我說。

他滿腔熱忱地表示，今後也想將「用畫畫做簡報」的技巧運用在視覺記錄上，期望能夠為該專案貢獻自己的一份心力。

聽眾的反應很冷淡，超沒成就感……

偶爾也看看我啦！
嗯～～～……
盯著手上資料

學會畫火柴人帶來的改變❷

有圖的話，大家就會關注你

線上會議很難觀察到對方的反應，總覺得是在自言自語……你是否曾有這樣的經驗？

其實，現實生活中的簡報也很容易遇到同樣的窘境。

在對眾人說明時，很多人會另外準備摘要大綱、補充講義或投影片的書面資料，讓自己的說明更完善。

殊不知這些費心準備的資料，正是讓你陷入窘境的罪魁禍首！一旦有了這些，聽眾的注意力很容易轉向手邊的資料，當眾人低頭專心閱讀，往往會忘了抬起頭關注講

讓視線、耳朵和注意力的方向一致

者。聽眾看也不看自己……這種情況會讓你越發不安。

自己在台上拚命地說明，台下的反應卻如此冷淡，油然而生的沮喪使你越發緊張、不安、焦慮……就此陷入負面循環難以自拔。

想緩解在人前說話的緊張與不安，建議使用我接下來介紹的方法，打造自己的場子！這個方法不受限於個人的性格或特質，任何人都做得到。關鍵在於：讓聽眾這三個方向保持一致。

❶視線的方向
❷耳朵的方向
❸注意力的方向

只要做到這一點，無需口若懸河，你也能以自己平時的說法方式，營造出「流暢傳達」和「易於理解」的現場氛圍。如此一來，不安、緊張和焦慮自然會逐漸緩解。

現場氣氛整頓好了，講者感受到聽眾的正面回應，也會更暢所欲言。當你說出的話語充滿自信，就可以更打動在場的聽眾……這就是「成功傳達」帶來的正向循環。這樣的良性循環將為雙方帶來更多正面影響。

也就是說，「學會畫畫」意味著你同時收獲了串連人與人的「媒介力量」。如果你能透過這個「媒介」與他人共享資訊、信息及情感，就可以促進彼此的理解與共鳴。只要手上要有圖，人們的關注就會集中在你身上，吸引更多人聚集到你身邊。

只靠言語
很難完整傳達……

學會畫火柴人帶來的改變❸

可以更直接明確地與對方共享資訊

職場和日常生活中，經常發生用言語溝通卻無法正確傳達的情況。正在閱讀本書的你肯定也有同樣的經驗。

在這個充斥著大量信息的時代，我們需要更明確、更直接的表達技巧，才能將自己重視的想法或理念準確地傳達給他人。因此，當你想要向人表達想法、希望對方聆聽自己時，比起口頭或文字的說明，「畫圖說明」這種訴諸於視覺的表達方式更好懂，有助你在短時間內達到有效的精準溝通。

拚了命地努力說明，
為何對方
就是無法理解……

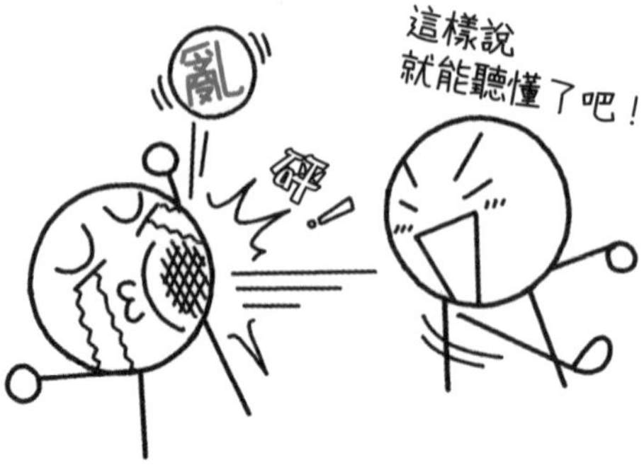
這樣說
就能聽懂了吧！
砰！
亂

學會畫火柴人帶來的改變❹

畫圖說明 能讓聽眾對你產生共鳴

你的話語之所以打動不了對方，有可能因為你只是「單方面的傳達」。

只顧著滔滔不絕講自己想說的事，完全不在意對方的反應，很容易讓聽眾陷入「有聽沒有懂」的狀態。

造成你的說明變成單向溝通，可能的原因如下：

❶沒察覺到對方根本沒在聽

不擅長說話或溝通能力不佳的人，往往過於關注自己想說的內容。

他們只在意「要說什麼」（What），卻忽略了「如何說」（How），並沒有花太多心思去思考「如何吸引聽眾的注意」。

事前沒有準備好吸引對方聆聽的環境，不僅無法順利傳達想說的事，甚至還會引發對方的誤解或反感……這樣的問題其實很常發生。

這未免太可惜了！

許多人認為溝通不順的原因在於「自己的說話方式不夠好」，因此去上說話技巧、演說表達或聲音訓練之類的課程。這方面的學習和努力固然有助於表達，不過在這些努力之前，我認為你應該先掌握更基本的技巧。

即使已經學會了「超強」說話技巧，事前若沒有營造讓對方願意敞開心胸傾聽你的氛圍，這些技巧就毫無用武之地，等於平白浪費了好東西。

此時再怎麼努力傳達，終究是「徒勞無功」。沒搞清楚當下狀況（沒發現對方並未準備好傾聽）就急著開始說話，無法將你的想法真正傳遞給對方。

當我們希望他人傾聽，首先必須「吸引對方的注意」。等對方的注意力集中在自己身上，再開始說話。

我們必須主動創造一個吸引聽眾關注、讓對方願意聆聽的狀態。

❷沒有確認對方是否跟上

自己拚了命地說明，對方看似也有在聽，為什麼話就是沒傳到對方的心裡……忙了半天，聽眾最後還是沒聽懂……這種事其實很常見。

原因在於：講者沒注意到在自己拚命講解的過程中，「對方已經跟不上了」。那麼，此時該如何是好呢？直接

問對方「你有沒有聽懂」嗎？這個嘛……不對！

就算對方完全聽不懂，只要你開口詢問：「聽懂了嗎？」他們也會假裝自己聽懂了。

也就是說，過於輕信對方回答的「聽懂了」，順勢繼續說下去，其實相當危險。

❸ 敘事太過冷靜、公事化，無法打動聽眾

那些說起話來條理分明、侃侃而談的人確實很帥氣。不過，當陳述過於偏重邏輯，缺點就是內容容易變得無趣。現場氣氛過於冷硬、嚴肅的話，可能會給聽眾「這個人很冷淡」的印象，或是招來「你說得對，可是我不愛聽！」這類負面的回應。

你是否有過這樣的經驗：被對方頭頭是道的大道理連番攻擊得啞口無言，或是被迫聽對方的長篇大論，忍不住心生反抗，心想「這些道理我都懂，但我就是不想聽」。

光是大道理，無法打動對方……

老實說，我就曾經有過。

這麼一來，聽眾很容易聽到一半就開始放空，只想趕快撐過眼下這場無趣的對話。講者費心想要傳達的重要內容並沒有真正進入對方耳中，而是就此消失在空氣裡，還真是悲傷啊……。

會發生這種狀況，主因在於講者忽略了聽眾的感受。當你想要向人傳達自己的意見或想法時，先別急著直球對決，考量聽眾當下的感受或狀態，採取對方能夠接受的表達方法也很重要。

＊

前面說過，一旦對話成了單方面的傳達，即使講者再怎麼努力，從他口中說出的話語都打動不了對方，只是白費力氣而已。

講者與聽眾最理想的關係，是將彼此視為同一團隊的

花心思讓對方願意聆聽　　單方向的溝通無法打動對方

夥伴，就像拋接球遊戲那般，在你拋我接之間逐一達成共識，在這個基礎下持續對話、互相交流。

我們應該銘記一件事：並非你認真說話，對方就「理當」要聽。

唯有先讓對方覺得「我想聽這個人說話」、「這個人的話值得一聽」，我們的話才能真正被對方聽進去。正如日語「傾聽」一詞的字面所示（耳を貸す，直譯是「把耳朵借人」），對方願意花寶貴的時間聽你說話，我們更該心懷感謝，下工夫讓自己的說明更好理解。

無論簡報或任何溝通場合，只要你願意花心思去「體貼」聽眾的感受，這些付出都能打造有助你「順利傳達」的環境。

我在本書中要傳授的不是「把聽眾放在心上！」這類精神口號或虛無的抽象概念，而是搭配手繪插圖進行說明的簡報技巧，是「真正體貼」聽眾的表達方式。這種方法可以成功複製，任何人都能馬上實踐。而且，圖像還能幫你簡明扼要地傳達重點，在體貼聽眾方面堪稱事半功倍。

畫圖說明的簡報方式內含了「我願竭盡所能，只求博您一聽」的心意，自然展現了你對聽眾的「體貼」，有助營造便於溝通的現場氛圍。

想活用「畫圖」來說明，當然要掌握簡單的繪畫技巧。本書介紹的「火柴人」，正是專為那些「我自小就不擅長繪畫」或是「我沒有畫畫天分」的人而設計的超簡易繪畫技巧。

火柴人不但可以拉近講者與聽眾之間的距離，在緩解緊張的同時，還能營造良好的溝通環境，堪稱最出色的溝通工具。

怎麼做才能更愉快、有趣地傳達……

有效傳達的三大要素

學會畫火柴人能帶來的改變 5

火柴人能讓情緒表現更生動

傳遞資訊或信息之際，在力求「正確傳達」的同時，還必須打造一個能夠「愉快傳達」、「有趣傳達」、「安心傳達」的環境。

除了「言語」和「概念」，「情感」也是必須傳達給對方的要素之一，在這個過程中，能否顧及到聽眾的感受，將直接影響「溝通」的成效。

藉由圖畫溝通，無論作畫的人或是看畫的人，雙方都會感到愉快。

如果可以畫出令人覺得「愉快」、「有趣」以及「安心」的圖畫，你情緒也會被畫牽動，變得越發積極正面。

講台上的人只要拿出圖畫，就能立即吸引眾人的注意，讓聽眾不知不覺間探出身體，聽得津津有味，可謂效果驚人！（正如音樂表演現場中，台上的藝術家與台下的觀眾彼此共情，全場融為一體那般。）

一提到在傳達時「加入感情」，人們想到的大多是聲音的抑揚頓挫或語調變化，可並不是所有聽眾都能接受過於誇張或戲劇化的說話方式。

尤其是不熟悉手勢文化的日本人，太過誇張的動作不僅無法吸引他們，甚至可能會引發對方的不適。然而，畫畫不同，非但不會給人帶來緊張或壓迫感，也更容易引起所有年齡層的共鳴。

這世上有些人擅長用巧妙的方式表現自身的情感，與他人順利溝通。反之，也有不少人非常不擅於表達情感，對於在公眾面前演說極不自在。

對這些「不擅長表達情感」的人而言，可以用不同線條和形狀的組合來表現各種情感的火柴人，無疑是最強大的助力。

我對自己的口才
沒信心……

學會畫火柴人帶來的改變❻

動作有變化，聽眾才不無聊

無法順利傳達，往往不是因為講者的口才不好，當下沒有物理變化才是主因。

在此我用了「物理變化」這個偏知性的詞彙，簡單來說，就是在傳達時「加上活絡現場氣氛的動作變化」，也就是「增加自己的動作，時而移動一下物品，藉此吸引聽眾的注意」。懂得活用這一招，聽眾的心就會偏向你，更容易打造吸引對方聆聽的狀態。

不是強迫對方改變，而是以更自然、自己更能夠掌控

❶ 畫圖

❷ 擦掉

的方式來控場！

舉例來說，活用素描本「手拿著畫說明」，或是站在白板前「指著圖解說」，這些動作可以創造自然的「留白」或「停頓」。此外，不擅長對人表達情緒「起伏」的人，也能將這部分交由火柴人來發揮。人前說話容易緊張的人，不妨在說話時加入以下「動作」。

❶ 畫圖

在聽眾的面前畫圖，此時對方的視線一定會聚焦在你手上，能夠吸引眾人的關注。

❷ 擦掉

詢問聽眾「這裡我可以擦了嗎？」之際，也能即時確

❸出示

❹隱藏

認對方的反應。

由於可以確認聽眾的理解程度，我認為「擦掉自己畫的圖」，也是講者和聽眾溝通的絕佳時機。

❸出示

拿出事前畫好的圖，就能立即吸引聽眾的注意。

此外，不同的展示方式也可以為你的說明節奏帶來變化，例如：拿出事前準備好的畫、快速秀出圖畫、故作神祕慢慢地拿出來……這些動作的變化，都能讓聽眾覺得不無聊。

❹隱藏

同樣是事前畫好的圖，講者一直藏著不給看的話，聽

❺ 用手指圖

❻ 翻頁

眾也會開始好奇「到底畫了些什麼？」期待你秀出圖的那一刻，更容易打造讓聽眾主動聆聽的氛圍。

❺ 用手指圖

這個動作就是「視線的引導」。

當你口中說明的內容與手上所指的視覺資訊完全一致，聽眾的理解也會更深入。

❻ 翻頁

正如紙偶劇或繪本會使用翻頁進行場景的轉換，視覺資訊的大幅度變化有助聽眾切換情緒。

⑦拿近

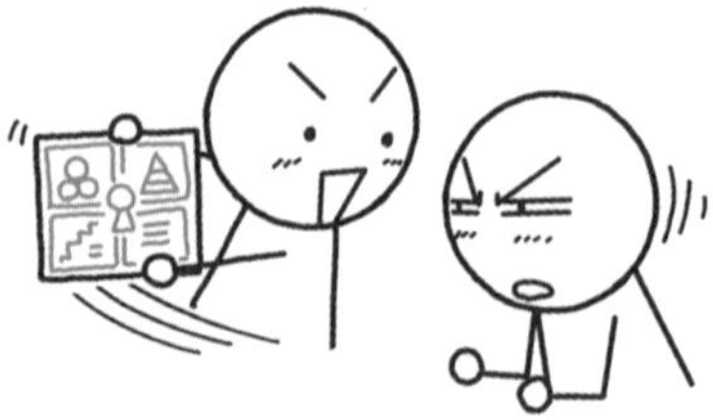

⑧拉遠

⑦拿近

當你將手上展示的東西靠近聽眾，不僅可以吸引對方的視線，連帶著他們的身體也會不自覺地向前傾，想要看得更清楚一點。

⑧拉遠

反之，刻意將素描本拿遠一點和聽眾拉開距離，對方的視野就會突然變得開闊。像這樣時而拿近時而拉遠，也能帶來視覺上的遠近變化。

＊

以上這些動作不僅有助緩解講者自身的緊張，還能達到吸引聽眾、打動對方的效果。

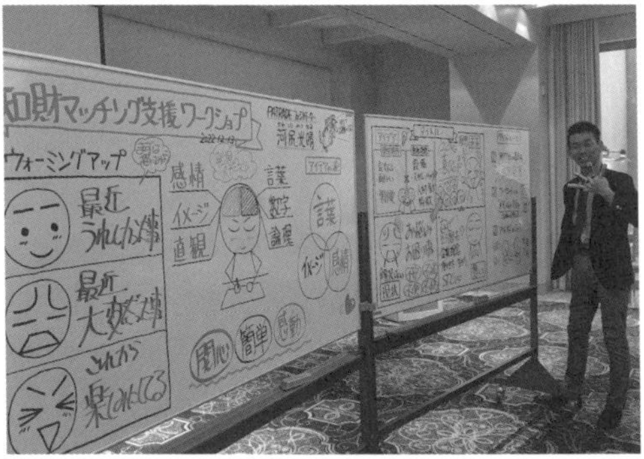

比起兩手空空地說話，手上拿著圖畫「看圖說故事」的溝通方式，更能增加講者的安心感及穩定感。如果你對自己的口才缺乏自信，這個方法絕對值得一試。

只要增加動作或是移動手中的物品，就算沒有口才也能輕鬆吸引聽眾的注意，營造現場的「一體感」，建立一個更有利於溝通的環境。

我之所以使用素描本或白板，就是想透過這些道具打造「容易傳達」的環境。除了藉由視覺資訊補足自己的說明，也是為了給聽眾帶來視覺的動態變化，避免他們因為眼前講者的動作太單調而感到無聊。

關於我想推廣的好棒棒火柴人

傳統的火柴人

再怎麼不擅長畫畫的人，小時候應該也都曾畫過火柴人吧？

大眾熟悉的傳統火柴人，應該都如上圖，是由〇與線條組成的簡單人形。雖然也能藉著線條的角度調整，來表現走路或奔跑等動作，但表現力仍舊有限，缺乏挑戰的樂趣。其最大的弱點是：無法表現「情緒」。

我在本書中推廣的「好棒棒火柴人」則進行了一些改良，身體不再骨瘦如柴，還加上了眉毛、眼睛和嘴巴來呈現臉部的表情。

「好棒棒火柴人」

這是本書推廣的火柴人！

這款火柴人能用豐富的表情和動作來表現各種情緒及情境，我的課程就是要教大家如何畫出進階版的「好棒棒火柴人」，並為它加上各種變化。

剛開始學畫時，如果就急於「表現情感」或是「畫出豐富表情」，往往會給自己加上諸多限制，認為「一定要有豐沛的感性才能畫好」。然後心生退卻，覺得「我沒有天分和美感」，就此放棄不敢嘗試。

請放心！本書介紹的好棒棒火柴人沒有天分或美感也能畫好，只要掌握「繪畫技巧」的相關知識，就能擴展你的表現能力。

因此，不用擔心自己做不到，任何人都能學會這本書教的繪畫技巧，享受「我也能畫！」的成就感。

正如我再三強調的，「沒有繪畫天賦也ＯＫ！」請大家拿起紙筆，跟我一起輕鬆享受畫畫的樂趣吧！

為什麼我要選擇火柴人？

綜觀人類的歷史，從遠古洞穴遺跡壁畫裡的人形象形文字，我們可以得知火柴人是從史前時代流傳至今的視覺語言。繪畫本就是一種表達方式，是每個人都能使用的溝通工具，不需要特殊的藝術天賦或美感也能做到。

不同於藝術或美術作品，火柴人無需複雜的描寫，只要「組合線條與形狀」就能輕鬆畫出來。正因簡單，所以好懂。

本書介紹的「好棒棒火柴人」在「繪畫順序」及「組合方式」下了不少工夫，既能保有其簡單的特性，也提高了可再現性，任何人都能照著畫出生動的火柴人。

此外，在尊重多元化的現代社會，為了消弭對性別、種族的偏見及歧視，人們對中性語言及插畫的需求越來越高。

火柴人可以用「中性」的方式呈現人物的形象，由於不涉及性別與種族，也能避免涉及「政治不正確」的錯誤解讀或誤會。

（塔德拉爾特・阿卡庫斯的石刻岩畫／利比亞）

第2章

沒想到「火柴人」在工作上超好用！

會議、簡報、商談……比說話術還有效的圖像溝通

如何有效活用火柴人

等各位學會畫火柴人，領略箇中樂趣之後，接下來請你「在工作或職場多多活用自己畫的圖」。

有的人只要掌握訣竅，得到「我也能畫好！」的自信，就會立刻在生活中實踐。然而，也有人因為不知道使用的適當「場合」或「時機」，一直卻步不前。

都已經學了這麼好用的插畫技巧，若不拿來實際運用，未免也太可惜了。在此先為大家介紹「火柴人能運用在哪些地方？」

適合火柴人發揮其優勢的場合有：公司內部的日常討

照片3

論、會議、腦力激盪……。至於最能讓它大展身手的地點，無疑就是白板。

只要有白板，火柴人就能在會議或商談等「對話」的場合，充分發揮其功用。

你是否曾有過以下經驗？會議或討論遲遲無法得出具體結論或共識，只好延至下次再議。

之所以無法得出具體結論，原因在於大部分的與會者都是「空手而來」，導致彼此的對話或討論成了不著邊際的口頭交鋒。

想要避免這樣的問題，有效整合意見，「白板」無疑是最佳利器。只要將討論中出現的靈感及與會成員的發言寫在白板留下紀錄，就能有效促進理解、共享情報、統整資訊，提升會議或討論的品質（照片3）。

如果沒有空間放置白板，市面上也有可以捲起來隨身攜帶的白板貼，請大家務必一試。

透過圖畫進行對話或溝通，能讓雙方的想法及意見更加具體清晰。人前說話容易緊張或不擅於表達的人，圖畫可以幫你更輕鬆表達意見。

即使只是簡短的討論，在對話時加上圖畫輔助，也有以下三個好處：

● 發言或資訊得以留下紀錄

開會時將眾人的想法或意見以文字或圖畫記錄在紙上，有助眾人達成共識或結論。

有了這些視覺資訊，就不會漏接任何靈感或意見，能有效促進現場與會者的理解。

活用插畫的企畫會議

照片4

照片5

此外，由於與會者可以掌握所有資訊及對話的整體脈絡，也更容易形成共識。

●促進討論的參與度

在討論的過程中邊說邊畫，眾人都能看到你畫的圖，如果有不明白的地方還能再補上圖畫說明。光是加入「畫畫」這一步驟，就能自然帶動講者手部與身體的動作，讓現場氣氛更加活絡。

在「對話」中加入「展示圖畫」這個動作，有助達到雙方的視覺溝通（照片4和5）。

與會者依序秀出自己畫的圖，每個人都有平等的發言機會，可以促進積極的意見交換。

負責板書的人來回走動

照片6

如果現場有白板，負責板書的人在白板前來回走動書寫，現場氣氛也會跟著活潑起來（照片6）。

聆聽在場與會者的意見或發言，記錄在白板上，訴諸於視覺的雙向溝通，不僅可以促進資訊的共享，也能讓討論時的發言更踴躍。

●營造現場的一體感

一般常見的會議形式是與會者看著手上的「參考資料」，一邊進行討論。由於現場眾人的視線和注意力都聚焦在手邊的資料，反而成了無意間妨礙眾人積極參與討論的原因。

在會議上展示自己畫的圖互相討論，在場與會者的視線全都集中在圖畫，由於眾人看著同一個方向，自然能夠營造出現場的一體感。

所有人看著同一個方向進行討論

照片7

使用白板的話，所有人的注意力聚焦在同一方向，不僅是一體感，也更容易形成全員參與的積極氛圍（照片7）。

「全體成員看著同一個方向」是確立目標、共享目標必不可少的條件！除了文字紀錄，如果還能加上圖畫，現場氣氛將因此更為融洽，溝通效果加倍。

在需要保持社交距離的會議，現場眾人容易各自為政、缺乏凝聚力。如果懂得活用白板，即使與會者的座位彼此離得很遠，所有人的視線和關注也會集中在同一處，這也是白板的優點之一。

由此可知，讓白板閑置在會議室的角落，實在太浪費了。想讓會議或討論更踴躍的話，不妨多利用會議室裡的「白板」，充分運用其優點。

火柴人大展身手的場合❶

對人說明

自我介紹、講座重點、產品或服務特色、工作SOP（標準作業程序）、專案概要……這些需要「說明」的場合，火柴人都可以派上用場。

如果想借助「火柴人」之力幫助聽眾理解，希望自己想要表達的內容如實傳達給對方，「伸指火柴人」無疑是最容易畫，而且功能最廣泛的選擇（照片8）。

關鍵是減少文字量，盡量使用簡短句子。舉凡公司培訓的注意事項、工作坊的SOP說明，或是簡報時發給聽眾的摘要大綱，都能加上火柴人來暖場。相較於文字，圖畫更容易吸引聽眾的關注，對你的說明留下好印象。

交給「伸指火柴人」來說明

圖片8

火柴人大展身手的場合❷

請求協助

職場溝通中最適合使用火柴人的場合是「向人請求協助」的時候。

比方說，店家或公司規定、研討會的大會規則之類，希望對方協助遵守某些「規定」時，火柴人最能派上用場，發揮它的功用。

就算是難以開口的請求，交由低頭鞠躬的火柴人來說，就能將你的請求輕鬆傳達給對方。

依據不同的時間、狀況、地點或請求，試著畫出各種「拜託火柴人」吧（照片9和10）！

超好用的「拜託火柴人」

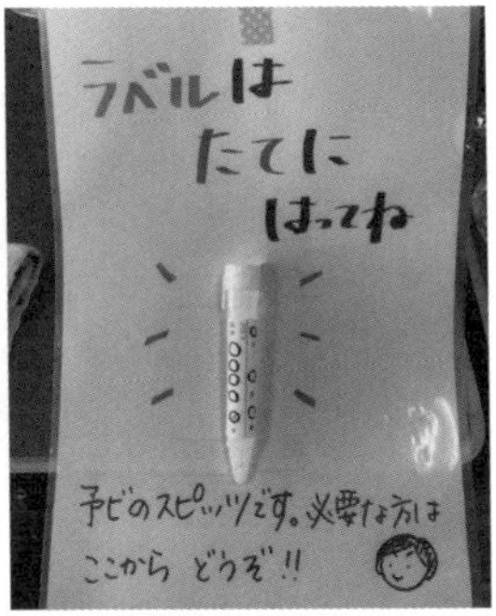

照片9 檢測套組的使用說明

照片10 商店或設施藉著火柴人委婉向顧客傳達自家的要求，而不是強制的硬性規定。

火柴人大展身手的場合❸

吸引關注

不論是學校授課、研討會、講座，甚至是推銷，比起開門見山直接進入正題，先對聽眾拋出「提問」，更容易將自己想要傳達的內容轉化成與對方息息相關的「個人課題」。

比方說，詢問對方：「你覺得使用素描本有哪些好處呢？」

此時，口頭提問固然OK，事先將提問寫在素描本或是白板上，讓「提問」可以明確看得見，這樣做的效果會更好（照片11）。

事前寫好提問，之後只須亮出來給聽眾看即可，適合

開場時用提問來吸引聽眾

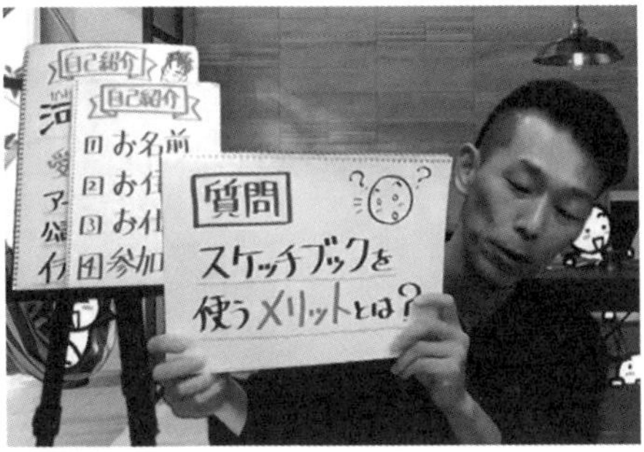

照片11

在人前說話容易緊張的人。

如果再加上火柴人的插畫，還能營造「所有人一起思考」的一體感。

人只要一打開話匣子，很容易只顧著說自己的事。即使原本打算向聽眾提問製造互動，也可能因為專注於聊自己想說的事，完全忘了問聽眾問題……這種事很常發生。

為了防止這種情況發生，你可以先將想問聽眾的問題寫下來，再加上火柴人的插畫，提醒自己記得對聽眾提問、製造互動。

火柴人大展身手的場合 ❹

整理思緒

人們即使沉默不語，大腦仍在思考各種事情。

就像腦內的獨白，是你在跟自己對話。

跟自己對話……這麼說也許有些誇張，但一點也不為過。一邊動腦思考一邊畫圖寫字，有助大腦用不同的方式運作。動手書寫或畫畫，在感受紙張和筆尖觸感的同時，也能引發大腦內部諸如「言語訊息」、「視覺訊息」、「聽覺訊息」以及「感官訊息」等各項資訊處理的聯動。

這麼做可以同時刺激邏輯思考和直覺思考，創造出既「專注」又「放鬆」的狀態。

大腦與心靈一旦進入和諧狀態，原先百思不得其解的

難題，頃刻間可能會浮現解決的良策，或是突然靈光一現，腦中閃過前所未有的超棒點子，大腦的表現遠超過平時的水準。

個人電腦與智能手機的普及，導致現代人「手寫」的機會越來越少。正因如此，大家更該在日常生活中多培養「一邊動筆一邊思考」的習慣，藉由刻意練習，提升自己的思考力及創造力。

火柴人大展身手的場合❺

簡報投影片

在PowerPoint加上火柴人

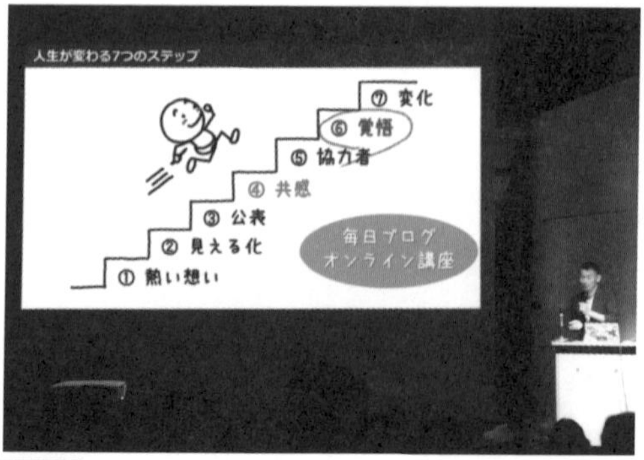

照片12

就連PowerPoint、Keynote這類軟體製作的視覺資料，火柴人也可以大展身手（照片12）。

來上我插畫課程的學員都異口同聲表示：

「我想做出更有溫度的資料，讓簡報更吸引人！」

火柴人能幫你達成這個心願。

全都交給軟體來做，的確可以得到美觀整齊的圖解資料，但缺點是過於機械化，缺乏打動人心的要素。使用軟體製作簡報資料時，不妨加上你親手繪製的火柴人。

為何手繪插畫能讓人覺得「有溫度」呢？

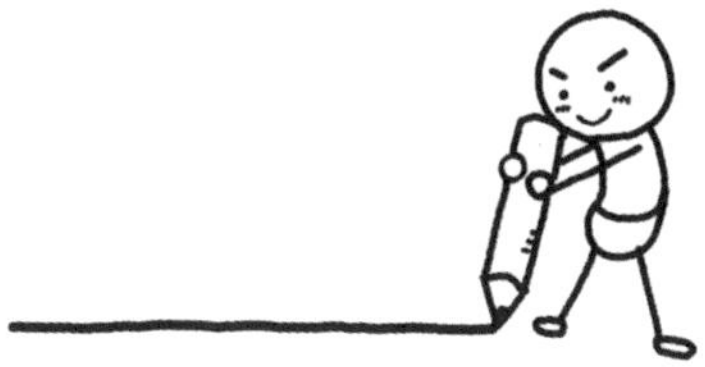

其中一個原因是「線條」。

無論插畫或是圖解，畫線時我都不使用直尺或應用程式的直線功能。就算要畫筆直的線條或整齊的形狀，也會刻意保留線條的手感。

手繪線條再怎麼努力想要畫得筆直，仍會有輕微的手顫。正是這樣的小誤差，造就了你獨特的「人情味」。

這就是「手繪特有的溫度」。作為傳遞信息的人，我們都想要打動對方的心，而不是機械化的單向傳達！有溫度的手繪插畫，能讓對方感受到你的誠意。

以 PowerPoint、Keynote 製作資料，可以利用圖形繪製功能輕鬆畫出漂亮的線條和圖形。

上網搜尋的話，還有許多現成的免費素材插畫或圖形。任何人都能輕易在自己製作的視覺資料裡加入「整齊的線條或圖形」。

手繪的圖形更有特色

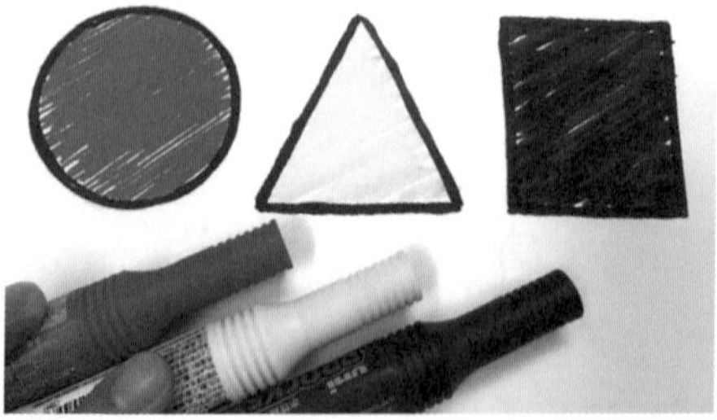

照片13

問題在於：這些素材是否可以讓人感覺到你的溫度，想要更加親近你？

手繪圖無法避免手顫或歪斜，畫起來也很花時間，還容易有線條不穩、上色不均或顏色沒塗滿的問題。儘管如此，比起精準繪製的軟體圖片，手繪插畫更能展現一個人特有的「風格」（照片13）。

這是數位工具無法提供的專屬優勢，也是手繪的有趣之處。手繪圖擁有機器或繪圖工具缺少的個人氣息……這些插畫或圖解的小小「不完美」，反而醞釀出一種「天然去雕飾」的自然韻味。

即使我這麼說，應該仍有人會擔心：

「我連畫直線都覺得很難，更別說○△□了……。」

「由厲害的人來畫，那些缺點就是『個人特色』，可是我的手真的很殘……。」

還沒動手就先認定自己做不來，容易導致心緒紊亂，連帶著手部動作也受到影響，無法穩定發揮。

此時，先反覆深呼吸，讓焦躁的思緒緩和下來。

接下來，請這麼做：

認真地畫。

當你將注意力全副集中在畫上，「我想向你傳達」、「希望你理解」的那份心意就會凝聚在筆尖，原本的「拙稚」或「不夠細緻」反而成為你的「個人風格」，打動看到畫的人。這就是手繪的力量。

無須在意畫得好不好，或者是否完美，認真畫就對了！你的心意會讓這些不完美成為你獨有的「個性」或

「武器」。這是手繪才有的特殊效果！過於完美的事物往往不夠有趣，帶有個人特色的「不完美」或「不足」反而讓人印象深刻！

正是這些「缺點」或「槽點」，讓你的視覺資料變得更吸引人！

火柴人大展身手的場合❻

輕鬆的會談

在商務會談中，素描本無疑是最方便攜帶火柴人的工具。像午餐會談這類氣氛較休閒的場合，素描本能讓火柴人大展身手（照片14）。

素描本的優點在於，你無須改變說話方式，只是「改變動作」，就能大幅提升給人的印象。

前面提過活用素描本或白板這類工具，能夠增加你的「動作和手勢」。

具體來說，你可以像以下這樣，讓自己的肢體語言更加豐富。

素描本可以隨身攜帶隨時使用

照片14

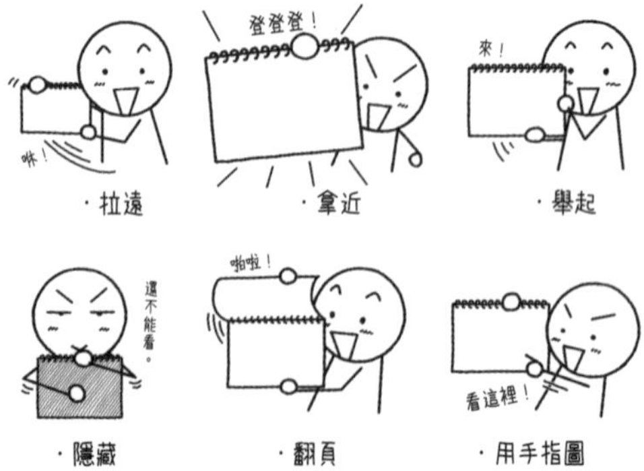

手上有素描本，自然會產生各種不同的「動作和手勢」。例如：

- **舉起**
- **拿近**
- **拉遠**
- **用手指圖**
- **翻頁**
- **隱藏**

這麼一來，對方的注意力也會集中在你手上的素描本，即使沒有催眠的特異功能，也能照著「自己的意思」引導對方的視線。

另外還有一招：

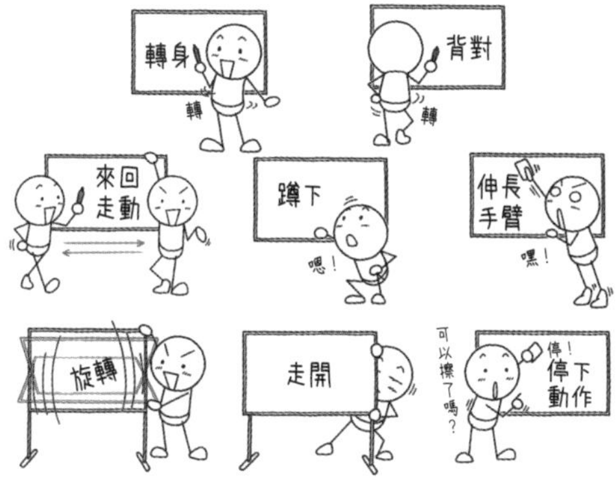

・在白板上寫字或畫圖

光是這樣，就能增加不少「肢體語言」。進一步說的話，可以分解成這麼多細微的動作：

- **背對**
- **轉身**
- **伸長手臂**
- **蹲下**
- **在白板前來回走動**
- **停下手部動作**
- **走開讓對方看清楚**
- **旋轉白板**

這些動作都有助於「營造現場氣氛」。

有時我會遇到有人過度在意「寫板書時背對台下的聽眾會不會沒禮貌」，因此心生退縮，覺得自己「不太懂怎麼用白板……」

他們的顧慮在於：寫板書時很難不背對著聽眾。

在此我要高聲呼籲：讓聽眾看到你的背真的沒關係！我們又不是「武士」，無須擔心轉身時給了對方可趁之機攻擊你。

背對聽眾的時間的確不宜太久。雖說如此，「背對，然後轉身！」這組動作的確能夠有效活絡現場的氣氛。

簡報時使用PowerPoint投影片，講者必須一直站在台前才方便操作，聽眾的目光也總是盯著布幕，現場的氛圍不會有太大變化。相較之下，站在白板前自然會產生許多動作，顯得更有活力。

講者只要一動，現場氣氛也會跟著活絡起來，連帶著聽眾也會受到感染，忍不住身子前傾仔細聆聽。這麼一來，講者就能持續吸引觀眾的關注，維持他們的興趣。

火柴人大展身手的場合 ❼

線上會議

近年來線上會議大增，前面提到的「動作和手勢」尤其有助於炒熱氣氛。

線上研討會或遠端課程很常出現這種狀況：講者滔滔不絕地認真講解，聽眾卻還是忍不住昏昏欲睡……。

原因不在於講者的口才不好，而是畫面太過單調、一成不變。

多數講者都把視覺呈現這部分交給投影片的共享畫面，自己在鏡頭前說話時則像一尊石像，動也不動。

我想這才是聽眾感到無聊的主因。有些人為了讓畫面

素描本為線上會議帶來活力

照片15

更加生動，刻意在說話時誇大手勢和動作，或是給投影片加上動畫效果。這樣做固然可以為畫面加上變化，卻只是平面的動態，效果仍然有限。

我們不妨換個切入點，思考如何讓聽眾動起來。

有些講者會在線上研討會中途穿插「伸展操時間」，讓聽眾也活動一下。本書要介紹的不是這樣突兀的做法，而是在不勉強聽眾的情況下，讓對方自然想要主動參與的方法。

透過素描本這個超強工具，講者能在鏡頭面前自然做出各種手勢和動作，吸引聽眾的注意，使他們不覺得無聊（照片15）。

素描本不僅可以透過視覺表現來彌補言語信息的不足，甚至能對聽眾的動作產生影響。

素描本「拿近」靠近畫面

照片16

素描本「拉遠」遠離畫面

照片17

手上拿著素描本，藉由「拿近」和「拉遠」等動作，講者可以在自己的畫面營造出景深效果，在立體的畫面裡對著鏡頭前的聽眾進行解說（照片16・17）。

在你拿近拉遠前後移動素描本之際，原本平淡的畫面多了視覺上的遠近變化，變得更加生動，聽眾也會被眼前講者的手勢和動作吸引，不知不覺中傾身向前認真聆聽！

① 保健室老師的案例

有位保健室老師將新學到的火柴人運用在發給全校各班級任老師的「牙周病檢查紀錄表」。去年為止發的紀錄表長這樣。

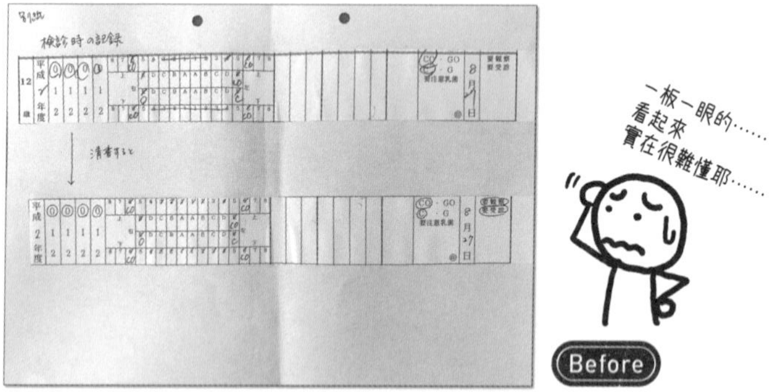

上面這份資料是紀錄表填寫方式的說明，看起來卻不好懂，必須花不少時間才能讓所有人理解工作的重點。而且，一板一眼的業務通知很容易使人心生不快，這位保健室老師在今年的版本加上自己畫的火柴人插畫，改善資料的呈現方式。

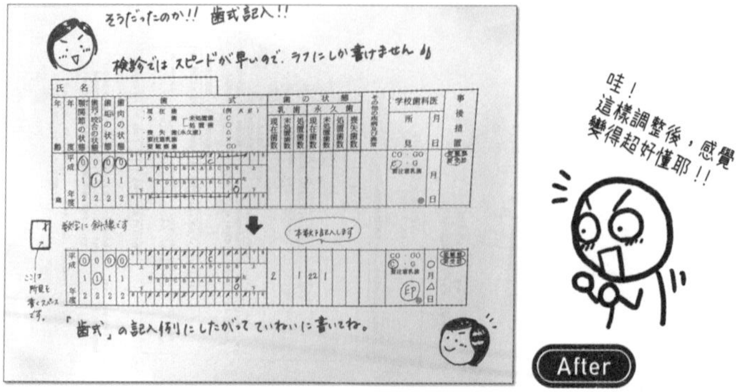

透過火柴人的表情，對方一看就懂你想要傳達的重點。充滿玩心的可愛火柴人插畫，也比較容易給人好感。由此可見，資料上有沒有插畫，會給看的人截然不同的觀感。

職場上的業務通知容易顯得太過公事公辦、缺乏人情味，適當加上一兩句話及插畫，不但能讓通知事項更好懂，用更「委婉的」方式傳達給對方（這些插畫不僅是裝飾，也是你「希望對方更好理解」的體貼心意）。試想一下，同樣的內容，有插畫和沒插畫的資料，你會選哪一個版本呢？

Before

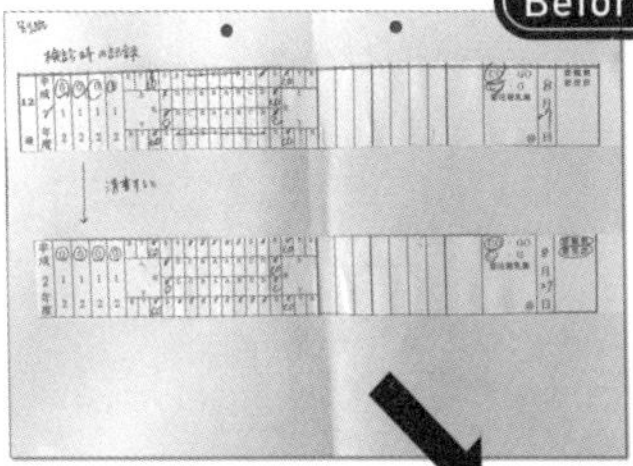

行政事務方面的要求
花點心思加上插畫，
不僅清楚，
對方也更容易懂

After

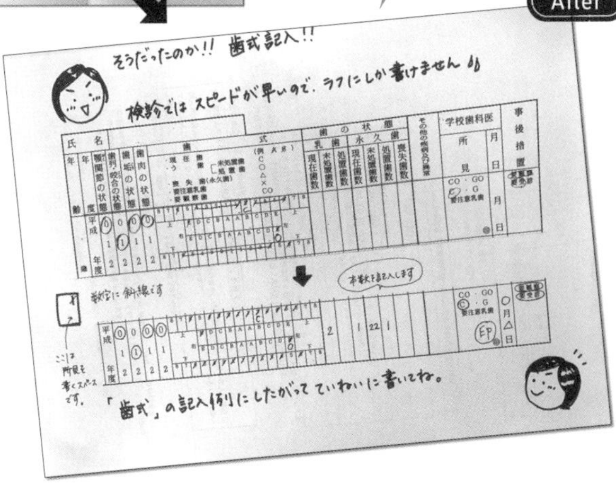

② 培訓講師的案例

這是在醫療照護產業擔任培訓講師的學員活用白板的實際案例。

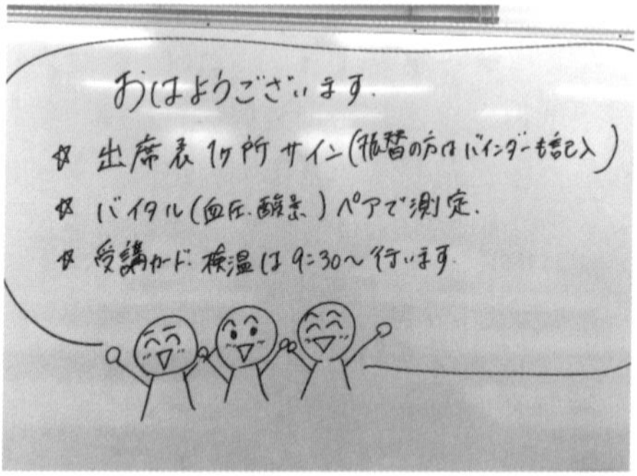

培訓未開始前，先在白板畫上火柴人，用最直觀的方式向學員宣布聯絡事項和課堂基本規則。

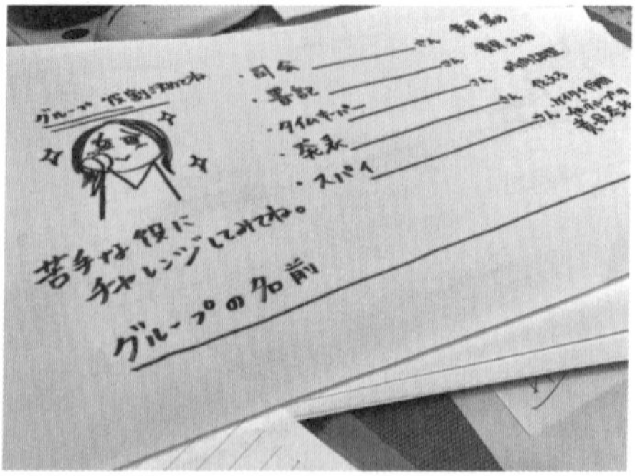

討論工作坊的工作分配時，發給學員的工作單也是手繪資料。簡單的一個動作，卻有助於緩解學員的緊張情緒，也能減輕講師逐項解釋的負擔，有效節省時間，確保講師能有充裕的時間用於課程的核心內容。此時，火柴人成了可靠的助教。

③ 業務聯絡的案例

近來，以教職員為對象的插畫課程增加不少，教職員辦公室和保健室的周遭越來越常看到火柴人的身影。由於老師每天有許多事要忙，不方便一直打擾他們。不妨將學校的行政事務通知，交由火柴人來做。

如果是時間比較緊迫的請求，措辭和時機一個沒掌握好，很容易讓對方覺得「有夠煩！」火柴人能夠緩和對方的情緒，有助你順利傳達重要事項。

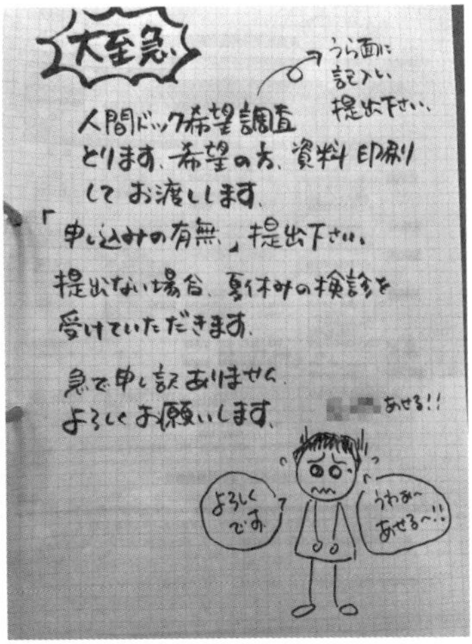

超實用！10款「拜託火柴人」

適用各種情境的萬用款

不僅是職場，就連請求他人幫忙的小紙條，
「拜託火柴人」都是最好用的一款火柴人。
難以開口的事情、不好意思提出的要求，
畫上這款火柴人，就可以傳達只靠言語
難以傳遞的心情。
請多活用喔！

稍微正式的請求

不適合對上司使用

拜託對方務必幫忙

根據情況使用愛心

適合愛撒嬌的人

拜託好事時用這一款

需要對方檢查或確認時

給看得懂玩笑的人

五體投地，拚命拜託

第3章

沒有繪畫天賦也OK！任何人都會畫的火柴人

準備好紙筆，
動手開始畫就對了

你之所以「不會畫」只是因為沒機會學

本書教的「好棒棒火柴人」不需要品味或感性這類抽象的天賦。我所研發的這套火柴人畫法，任何人都能成功複製它的結構及訣竅。

也許有人會擔心「大家都用同一套技巧，畫出來的圖不就都一樣？」別擔心，一旦體會到「繪畫的樂趣」，每個人獨有的特色和感性就會自然發揮。

經常聽到有人說：「我也想畫但就是不會。」「畫不出想要的樣子。」

這是因為大多數人都不知道怎麼畫能活用在日常溝通

的插畫。實際上，根本沒有地方會教你運用在平時生活的「繪畫技巧」。

坊間雖然有許多繪畫教室，「可以應用在生活的繪畫教室」卻很少見。即使有，也只是極少數的、以興趣為本位的個人教學。

繪畫或插畫經常被視為少數創作者、藝術家或藝術愛好者才具備的能力。但我認為「畫畫」是人人都能迅速掌握的溝通技巧。

除了書寫、說話以外，如果有更多人懂得將繪畫或插畫運用在日常的溝通，人們的「傳達」技巧應該會有更進一步的發展吧！

生活中向人傳遞信息或解說時信手拈來的「隨手畫」，不需要才華或品味，只需要你「想要傳達給對方」的那份心意。

而且，任何人都能學會讓那份心意更加分的「繪畫小技巧」。

沒錯！正如我再三強調的，「不會畫」或「不擅長畫」並非因為你沒有繪畫天賦、才華或品味，只是「你不知道畫畫的技巧」、「沒人教過你繪畫訣竅」、「不曾學過傳達的技術」而已。

● 所有人都能體會畫畫的自信及傳達的喜悅！

小時候本來挺喜歡畫畫，卻因為當時學校師長或朋友的無心批評，或是評分老師的個人好惡被打了低分，導致自信全失。你是否曾有過這樣的體驗呢？

很多人因為這些不好的體驗，覺得自己「缺乏才華」，就此變得「不會畫」、「不擅長畫」。自認「我沒有繪畫天分」的人，大多在國小或國中時信心遭受過打擊，因此對

畫畫心生「排斥」。

其實，只要按部就班練習，每個人都能越畫越好。第一步就是先從畫畫的基本「知識」和「技巧」開始學起！只要學會這些基本功，任何人都能拿起筆就畫。正因我在插畫課程跟許多學員實際互動過，所以更有底氣向你保證這一點！

各位若能透過火柴人體會到畫畫的樂趣，以及心意傳達給對方的喜悅，將是我最開心的事情。

接下來讓我們一起探討火柴人的具體繪畫技巧，還有讓自己樂在其中的方法吧！

一起來畫火柴人吧！

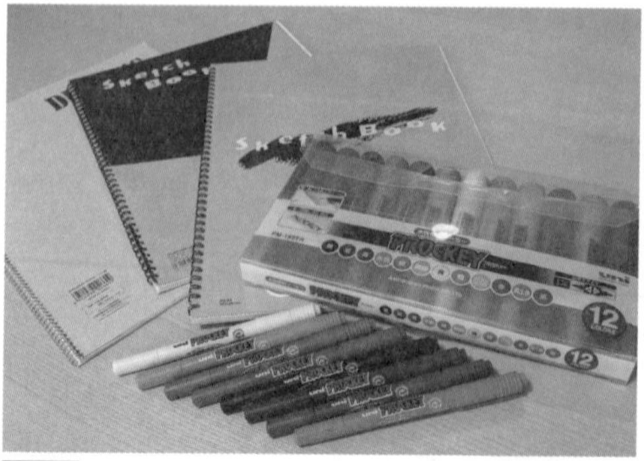

照片18 uni的Prockey細尖筆無論寫字或畫畫都適合

準備物品

❶畫在筆記本、記事本或白紙的話

簽字筆（選擇筆芯粗度同「簽名筆（細字）」的筆，效果最好）

鉛筆・橡皮擦（畫草稿用）

❷畫在素描本的話

水性彩色麥克筆（粗字・中字）

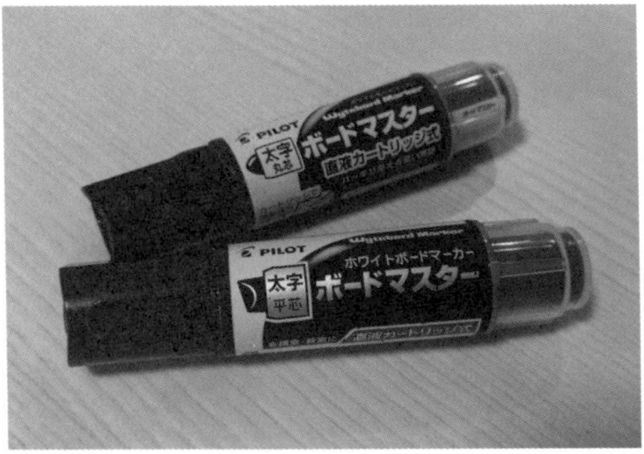

照片19 百樂（Pilot） Board Master白板筆

鉛筆・橡皮擦（畫草稿用）

像❶❷這樣在紙張上畫畫的時候，建議使用三菱鉛筆（uni）的「Prockey」細尖筆（照片18）。

這款筆非常適合紙張書寫，寫感流暢，無論寫字畫畫都很順手！新手也能根據需求找到最適合自己的款式，是一款相當好用的麥克筆。

❸畫在白板的話

白板專用筆（建議使用百樂（Pilot）的「Board Master白板筆（粗字）」）（照片19）

●筆的基本使用方式

也許有人會覺得「我當然知道筆該怎麼用！」但實際上許多人都被固定觀念限制了。

不少學員在上過我的課以後，跟我分享他們的驚喜：「原來畫畫時可以一邊轉動筆的方向一邊畫啊！」「沒想到線條疊畫也ＯＫ！」「之前以為『不可以做』的事，一旦從這些規則和限制解放，畫畫變得更加有趣，素描本裡的作品也越來越棒！」

小時候學寫書法時，我們一定聽過這些提醒：「運筆要流暢，必須一筆到底！」「墨汁不能蘸兩次！」「同一筆畫禁止重複寫！」這些書法的規則也成了許多人畫畫時的「潛規則」，大大限縮了表現的自由度。日常生活中的實用插畫，比起畫得好看，怎麼畫才能更簡單好懂更為重要。本書中，我將從這個觀點，為大家解說實用插畫的技

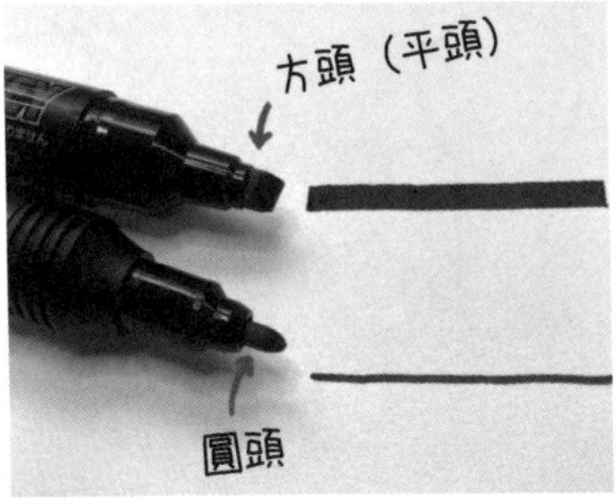

照片20

照片21

巧，以及麥克筆的活用方法。

「Prockey」的筆尖分為圓頭和方頭（平頭）兩種。畫畫時充分活用兩者的特色，你的「表現技巧」將有顯著的進步和提升。

方頭（平頭）筆尖角度的運用方式尤其多樣化。怎樣的角度可以畫出何種線條？掌握好這一點，就能畫出種類豐富的「線條」。

無論要畫粗畫細都隨心所欲！還可以為線條加上強弱變化，甚至一次堆疊好幾條線，畫出極粗的線條（照片20・21）。

初學者只要有黑、紅、藍三個顏色的麥克筆，就能輕鬆挑戰手繪插畫！

火柴人的基本畫法

接下來請大家在閱讀的同時，也跟著動筆畫喔！

本書要傳授的「好棒棒火柴人」不同於「頭大身細」的傳統火柴人，只要學會這款火柴人，你的繪畫表現力將有顯著的提升。

心動不如馬上行動，現在請拿起紙筆，跟著我一起動手畫吧！

畫火柴人的基本步驟如下：

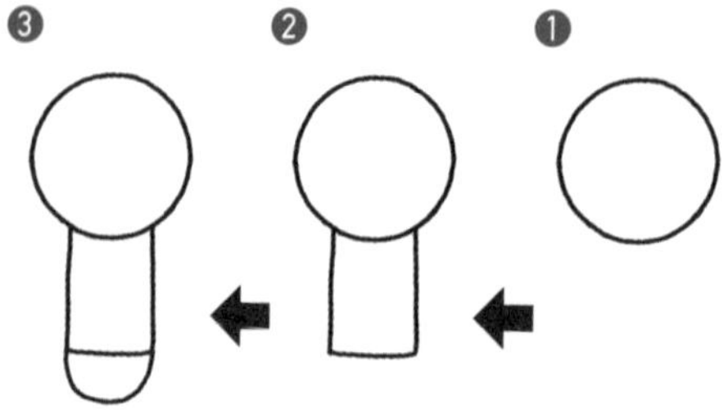

【基本順序】

❶頭部…先畫〇

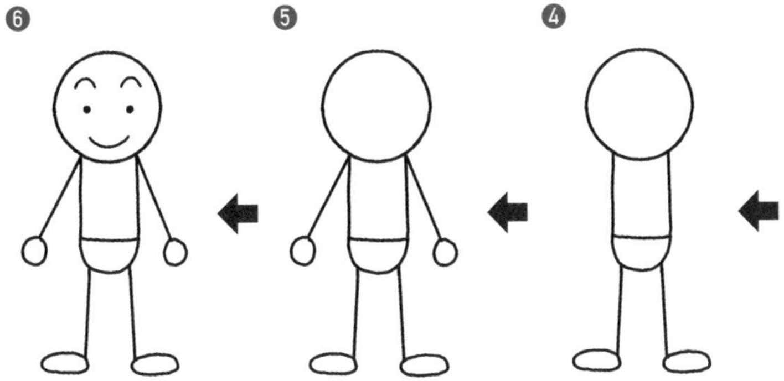

❷身體…○的下方畫口
❸下腰部
❹腳
❺手
❻表情

按照以上順序組合線條和形狀，就能畫出一個「好棒棒火柴人」。

臉部表情也很簡單，眉毛＝線條、眼睛＝點、嘴＝線條。加上這些，可愛的火柴人完成！

注意線條長度調整比例

學會畫火柴人以後，會想為他加上動作吧？先別急著動筆！在那之前，我要先提醒你一個重點。

「畫手的時候，手臂自肩膀延伸出來，最後畫上手掌。」

大多數人都是這樣畫手或腳吧？

前面的基本繪畫技巧①就是如此，這樣的畫法當然沒錯。不過，過度依賴這一套畫法，火柴人的手腳很容易一不小心畫得太長，成了不自然的「橡皮人」。

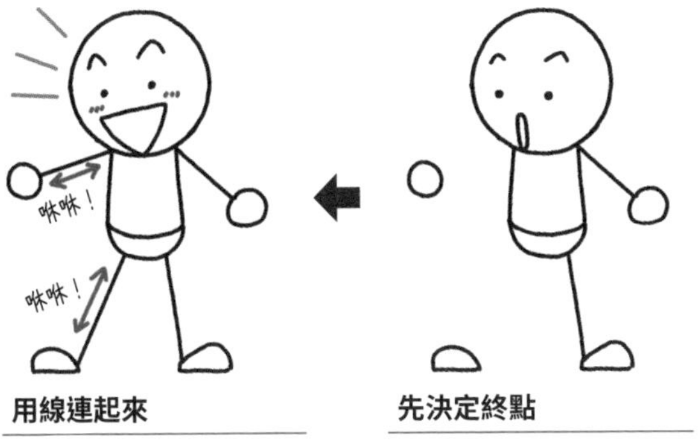
咻咻！
咻咻！
用線連起來
先決定終點

為什麼會這樣呢？原因在於，腦袋一旦想著要「延伸線條」，下手就很難掌握好分寸。「手跟腳的比例總是抓不好怎麼辦？」「畫比較複雜的動作時，手腳比例每次都不協調……」有這些煩惱的人，不妨試試這個祕訣：切換你的思考模式。

那麼，應該切換成怎樣的思考模式呢？

答案是：先決定「手」跟「腳」的「終點」，然後「用線連起來」。

也就是說，畫線之前先決定好線條的長度。畫手腳時不是憑著感覺拉線，而是先設定好起點和終點，再畫線連接兩個點。只要遵守這個原則，無論你的繪畫能力或技巧如何，每個人都可以畫出穩定自然、比例協調的手腳。

行走的火柴人

不擅長畫畫的人大多覺得「行走的火柴人」很難畫。傳統火柴人的話，上面兩種畫法已經是極限，但總覺得動作不夠靈活，看似在動，卻不夠生動……。

我的「行走火柴人」則是這樣畫的。

【畫法】

❶ 畫身體

這裡跟火柴人的基本畫法完全一樣。組合圓形、方形

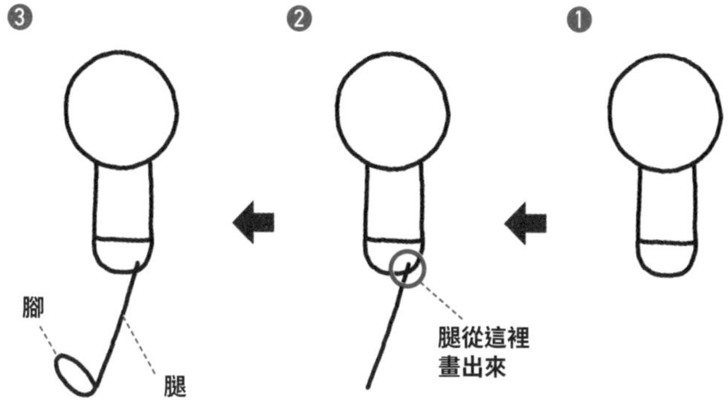

和半圓形，身體保持筆直。

❷左腿朝前邁出

左腿朝前邁出，畫斜線。
重點在於，斜線的幅度不宜太大，最好配合身體的寬度畫。

❸腳尖朝上

畫「腳」的時候，注意要跟「腿」呈九十度直角。腳尖朝上，就能表現邁步向前的感覺。

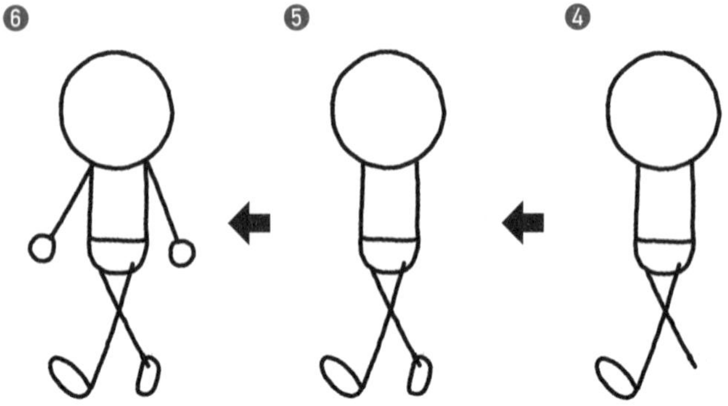

❹右腿在後

代表右腿的斜線，與左腿的斜線交叉。訣竅是右腿畫得比❷的左腿稍短一點。兩條腿在腰部下方形成一個三角形。

❺腳尖著地

與❸的左腳方向相反，右腳畫腳尖著地的橢圓形。右腳畫小一點，可以營造「景深」，產生雙腳前後拉開的視覺效果。

❻兩隻手臂

雙臂畫法同火柴人的基本畫法，自頭部與身體的接點

完成！

只要微調
基本畫法
即可！

拉出斜線。這樣一畫……一個手腳前後交替擺動走路的「行走火柴人」就完成了，真的很生動呢！

再加上臉部五官，火柴人的行進方向會更明確喔！

●重點在於「兩腿交叉」

上面的火柴人看起來走路時雙手在身體前後擺動，動作是不是很自然！

其實我只是在畫「腿」時多下了點工夫。只是改變一下基本款火柴人的腿部畫法，身體的方向、手臂的動作看起來就截然不同。是不是很有趣？

本書教的火柴人，有許多像這樣巧妙結合了簡單畫法和視覺錯覺的繪畫技巧。

這樣走
好像怪怪的……

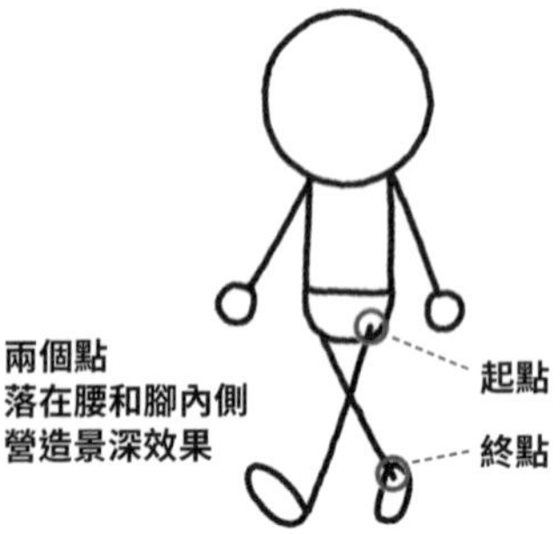
兩個點
落在腰和腳內側
營造景深效果
起點
終點

另一個活用視覺錯覺的訣竅，在兩條腿的起點及終點。向前邁出的左腿，「起點」在腰部內側，在後方的右腿，「終點」在腳的內側。這麼一來，觀眾就會自行想像「哪一隻腳在前，哪一隻腳在後」。

看似微不足道的小細節，卻能夠賦予火柴人可愛的氛圍以及靈動感。

畫「行走的火柴人」重點在於「兩腿交叉」。照著一般方式畫的話，就會像上面這樣，雖然也是在走路，卻總覺得「哪裡怪怪的」。

因為大家都知道，人在實際行走時不會同手同腳，走路時雙手搭配雙腳交互擺動，身體才能維持平衡。

繪畫技巧 4

奔跑的火柴人

在我的部落格，這一年裡點閱數最高的文章是「奔跑火柴人」。

透過訪問分析，從「奔跑、人體畫法」、「奔跑、姿勢、畫法」這些搜尋關鍵字可以得知，來我部落格的訪客，很多都想學習如何畫「奔跑的人」。

說到「奔跑的人」，大多數人一想到手臂和腿的交叉動作，就會覺得動作太複雜很難畫。

看到免費素材的插畫，應該也有人想照著圖自己畫畫看，一試之下才驚覺「根本不知道該從哪裡下筆……」

這樣的火柴人
「奔跑動作」
有些差強人意……

上網搜尋「畫畫教學」網站，上頭的解說多半以專業或半專業人士這些「本來就很會畫的人」為主，一般的素人實在很難一看就懂……。應該有不少人因此受挫，就此放棄畫畫吧。

用傳統火柴人表現「奔跑動作」雖然比較簡單，可惜不夠可愛，而且動作同手同腳看起來不自然，畫了也沒有「成就感」。

接下來我將為大家拆解「奔跑火柴人」的繪畫步驟和技巧，只要掌握這些訣竅，相信每個人都能畫出生動的跑步動作。

【畫法】

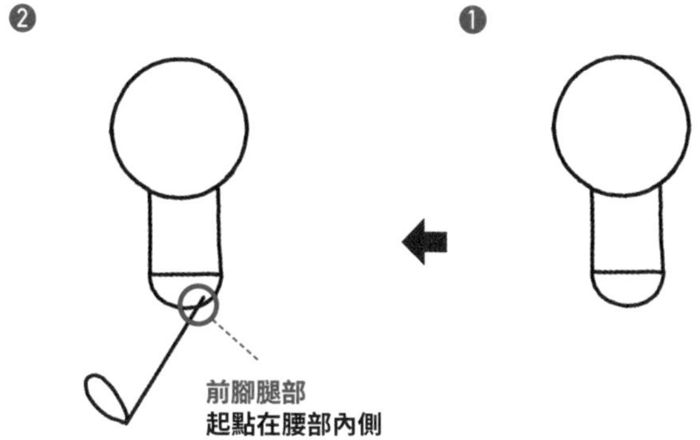

❶ 畫身體

這部分只要組合圓形、方形和半圓形即可，是最基本的畫法。

步驟跟面朝前方站立的基本款火柴人一樣！

無須為了營造動感，刻意彎曲身體的線條。

❷ 邁出的前腿

接著畫向前邁出的腿。

注意腿部的線條要直，膝蓋不彎曲，「腳尖」朝上。

畫腿時，訣竅跟「行走的火柴人」一樣，起點在腰部內側。這個步驟能讓火柴人的身體方向更明確。

❸

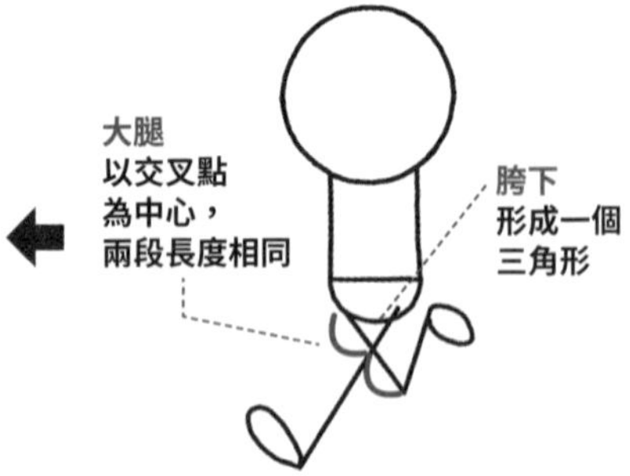
大腿
以交叉點
為中心，
兩段長度相同
胯下
形成一個
三角形

❹

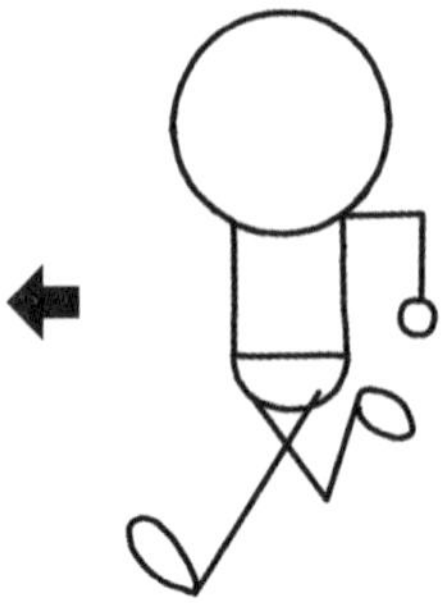

❸ 踢起的後腿

然後是踢起的後腿。

彎曲的膝蓋用「V字形」來表現。大腿與❷的前腿交叉時，要格外注意兩段線條的長度，以及胯下的三角形空間。此處細節的處理是否到位，將影響到整個動作給人的感覺。畫的時候若是覺得「好像有點怪怪的？」請確認這部分的比例是否恰當。

❹ 朝下抬起的後方手臂

從頭部與身體的接點拉出橫線，線條在手肘處九十度角朝下，再畫上手掌。

❺

❺向上舉起的前方手臂

前方手臂也畫直角，在手肘處約九十度角往上畫。奔跑動作完成！

改變手肘的角度，跑步風格也會跟著改變，慢跑風的自然動作一下子就畫出來了！臉部畫上不同表情，就算是同一個跑步動作，也能呈現不同情境下的「奔跑」。

按照以上步驟依序組合線條與形狀，任何人都能輕鬆畫出「人在奔跑的動作」。不擅長畫畫的人經常陷入某種迷思，認為曲線更能表現動態的動作，結果卻適得其反。其實，只用「直線」也可以呈現動感。當你畫出生動的「奔跑火柴人」，心情也會暢快無比，自信油然而生！

繪畫技巧 5

為火柴人加上情緒

當你可以隨心所欲畫出喜怒哀樂各種情緒，繪畫的表達力將大為提升，也更能夠享受箇中樂趣。不過，實際動筆畫各種「表情＝情緒」的時候，才發現意外地難呢。

想畫出豐富的表情，首先必須增加對情緒的知識和理解！在此跟大家分享提高情緒表現力的小知識。

具體來說，人類有哪些情緒，情緒又分成幾種呢？

事先了解這些知識，有助提升你的情緒表現力。

也許有人會覺得「情緒不就是喜怒哀樂這四種嗎？」

其實，人們的情緒遠比我們所想的更加多樣複雜。

普拉奇克的情緒輪 基本的8種情緒

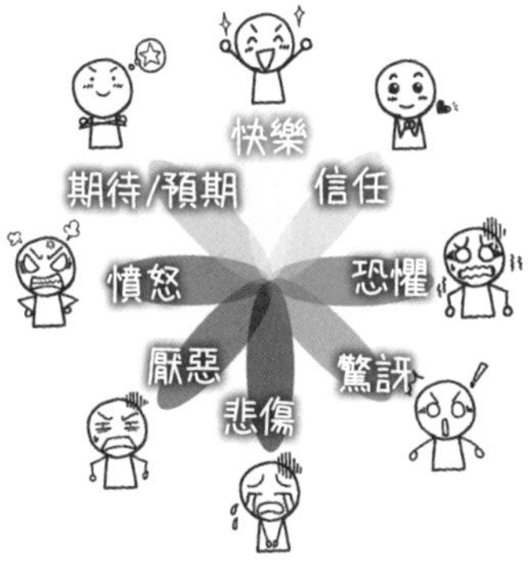

例如：感動、憂鬱……。

美國心理學家羅伯特・普拉奇克（Robert Plutchik）於一九八〇年提出了「情緒輪」（Wheel of emotions）理論。

簡單來說，人類的情緒大致可以分成上圖這八種基本情緒。位於對角線上的情緒兩兩對立，是相反的兩極，很難迅速地轉換。

因此，人在悲傷時即使發生再開心的事，也不容易馬上轉悲為喜；心懷恐懼時就算發生再憤怒的事，怒氣也不會立刻湧現……以此類推。

基本的情緒彼此結合，又會形成更多複雜的情緒，如下頁所示，總共可以衍生出三十二種情緒。

從左邊這張圖，我們可以了解哪些情緒結合後將產生哪一種情緒，只要學會這些情緒的組合方式，就能獲得豐富的繪畫表現力。

想用插畫靈活地表現各種情緒，不需要藝術天賦或個人品味，只須按照情緒輪的知識，組合各種情緒的表現模式即可。

就算是抽象的情緒，只要掌握情緒的種類和相互之間的關聯，就可以精準畫出人們的各種情緒變化及表情。

普拉奇克的「情緒輪」

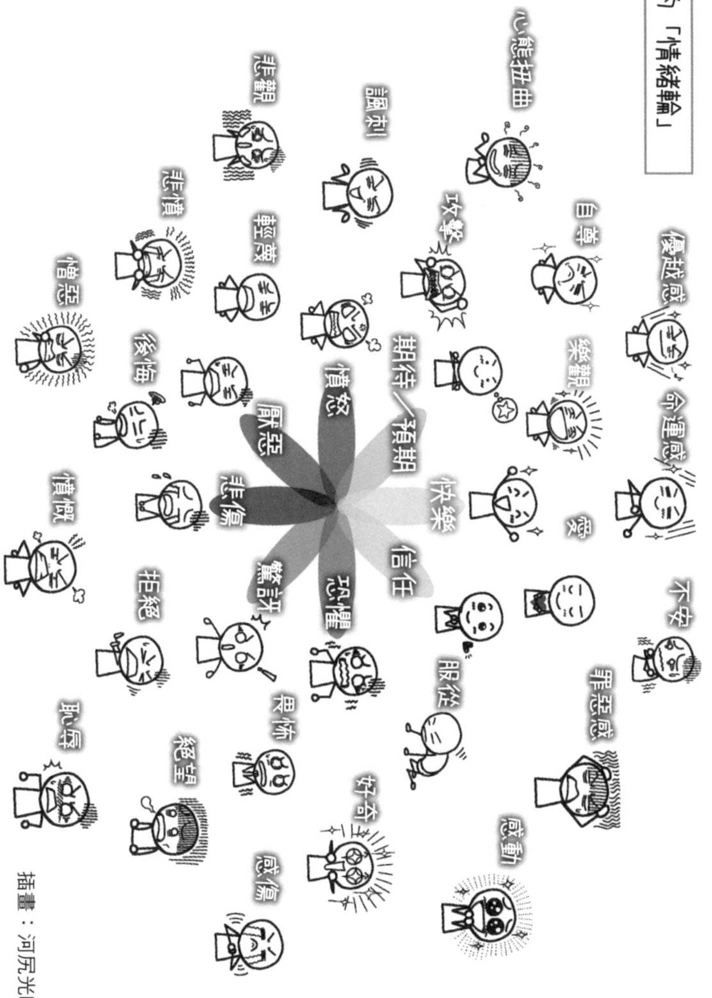

插畫：河尻光晴

繪畫技巧 6

讓火柴人說「啊咿嗚誒喔」就能夠表現情緒

接下來，就讓我們替火柴人加上情緒吧！

火柴人的表情由眉毛、眼睛和嘴巴組成。

真人的表情當然更加複雜，像是眉間、額頭的皺紋，或是兩眼間距這些細微之處。

但簡化版的火柴人只須掌握好基本的眉毛、眼睛、嘴巴，就能畫出豐富的表情。

光是嘴巴這一項的變化，給人的印象就大不相同。

在此，我們就先從嘴巴的基礎畫法「啊咿嗚誒喔」開始吧！

「啊」

嘴巴整體畫成縱長狀，上唇畫橫線能夠表現嘴角微揚咧大嘴巴的表情。基本上，只要是倒三角形的嘴巴，看起來都像在說「啊—」。

「咿」

畫一個介於橢圓和圓角四邊形的橫長方形，嘴角兩端微微揚起，就像在說「咿—」。

「嗚」

嘴巴畫成小小的縱長橢圓形，就像在嘟嘴。嘴吧畫得太大，跟「喔」的區隔就不夠明顯，盡量畫小一點較好。用「點」來表現也ＯＫ！

「誒」

為了和同是橫長方形的「咿」區隔，這裡畫嘴角微微下撇的「梯形」。梯形中央畫一條橫線，看起來就像微露牙齒在說「誒」。

「喔」

嘴巴畫一個大大的O字，就像拖長了音在說「喔」。想跟「啊」明顯區分的話，訣竅是將嘴畫得低一點。

＊

將五款嘴型排成一列的話，應該更容易看出不同發音的區別。

當然還有其他形狀或線條可以表達「啊咿嗚誒喔」的嘴型，此處介紹的是最簡單的畫法。

記住嘴巴的基本畫法，只要再加上不同形狀的眉眼組合，就可以大幅提升臉部情緒的表現力。

即使是同一款眉眼，光是嘴巴的形狀不同，給人的印象也會截然不同。接下來讓我們來看看五款基本嘴型與其他眉眼的不同組合吧！

基本嘴型&眉眼組合，可以畫出這麼多表情

同一款「啊咿嗚誒喔」的基本嘴型，只是改變眉眼的組合，火柴人的聲調就會變得截然不同。看著火柴人的臉，感覺都能聽到他們發出的聲音呢！

①消極的眉毛&眼睛組合

用誇張的八字眉和瞇瞇眼來表現消極的情緒。「啊」和「咿」是帶著討好的笑，「嗚」、「誒」、「喔」可以感覺到難過及悲傷的情緒。

②憤怒‧驚訝的眉毛&眼睛組合

高高吊起的眉毛和睜大的圓眼，一看就能感受到「驚訝」或「憤怒」的高漲情緒。

③放鬆・幸福的眉毛&眼睛組合

微微下垂的眉毛和三重線的眼睛，能夠表現放鬆的情緒。搭配不同的嘴型，既可以表現「開心的放鬆」，也能夠表現「悲傷的放鬆」，正是這款眉眼組合的有趣之處。

④緊皺的眉毛&眼睛組合

吊起的眉稍和鳥兒腳印般的三條線眼睛，整張臉看起來相當用力。「啊」和「咿」可以看出愉快的情緒，「嗚」、「誒」、「喔」看起來則不太開心。

掌握「漫畫符號」，晉升達人等級

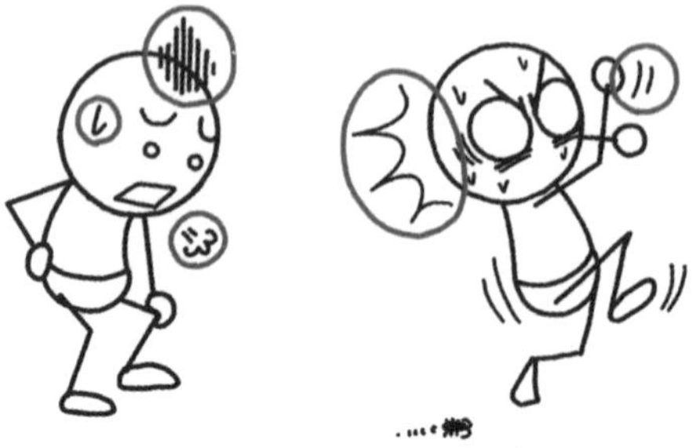

上圖中紅圈標記的符號，在漫畫或LINE貼圖裡是不是很常見呢？

這些符號叫做「漫畫符號」，簡稱為「漫符」。學會使用這些符號，就能大大地提升火柴人的表現效果！

替火柴人加上直線、曲線或文字這類元素，可以生動表現諸如沉重的氛圍、憤怒或衝擊等情緒。懂得善用「漫符」的特性及效果，就算不畫眉毛、眼睛和嘴巴，也可以表達基本的情緒。

接下來請大家感受一下，在不畫臉部表情的狀況下，只用漫符能有怎樣的效果。

❶ 負面直線

❷ 冷汗

❶ 負面直線

用來表現負面情緒、氣氛或沉重心情時的經典漫符。這款直線代表的雖然是負面情緒，卻有一種莫名的喜感，讓人看了忍不住發笑。

❷ 冷汗

想要表達緊張、焦慮、驚訝、混亂等負面情緒時使用的漫符。這款漫符的使用頻率也頗高呢！比起常見的水滴狀汗水「💧」，「し」更有種汗水沿著額頭或臉頰滑落的感覺，我的插畫講座都會建議學員使用「し」。此外，❶和❷經常一起使用，用來表現「情況不妙」的窘境，建議將這兩個符號當作一組記下來。

❸ 爆青筋

❹ 頭頂生煙

❸ 爆青筋

這是表現焦慮或怒氣最常用的符號，象徵人在生氣時額頭或太陽穴附近突起的「青筋」（血管）。

至於「生氣」的其他說法，比如「氣血衝腦」、「青筋暴起」、「熱血逆流」、「血液沸騰」，都與「血液」或「血管」有關。

❹ 頭頂生煙

當人感到憤怒時，體內的血液會湧向頭部，造成血管突起，此時頭部的溫度也會急遽升高。頭頂冒出的蒸氣，可以更加突顯憤怒的情緒。

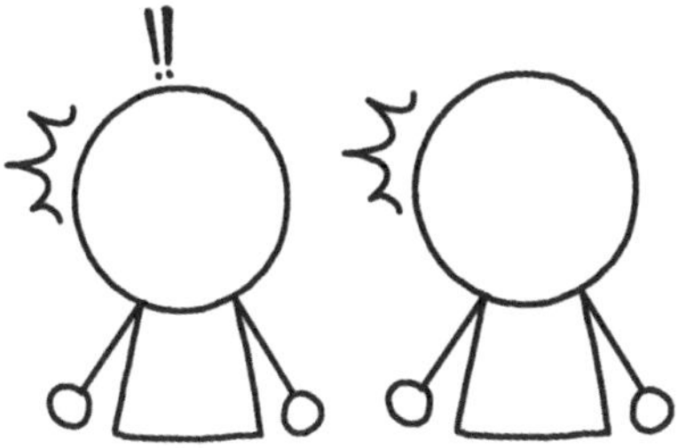

❺震驚

❻顫抖

❺ 震驚

在頭部附近加上王冠形狀的曲線，更容易傳達驚訝、衝擊的情緒。

此時再加上經典的驚嘆號「！」，可以更具體地表現出震驚的感覺。與❷的冷汗符號結合的話，則是驚訝中帶點負面的情緒。

❻ 顫抖

在火柴人的臉或身體旁邊加上「波浪線」，用來表現身體發抖的狀態。這個符號看似簡單，實際動筆畫就會知道並不是那麼好畫。

關鍵是畫線時必須留意，波浪線的起點與終點都要朝

❻ 顫抖

❼ 背光四射

著火柴人。再加上各種不同的元素，火柴人給人的印象也會截然不同。

比方說，與❸的怒氣符號結合，用來表現焦慮、渾身發抖的狀態；跟❶❷的漫符結合，則能夠表現恐懼或寒意襲來的情緒。

❼ 背光四射

用來表現有朝氣、充滿活力的感覺。不過，光線的傾斜角度較難掌握，畫的時候可以想像光線以頭部為中心向外四射。只要加上代表光芒的直線，就會給人超級正向樂觀的感覺！

活用對白框呈現看不見的細節

在對白框加入「台詞」，不僅能讓插畫變得生動，想傳達的信息也會更簡單好懂。

在此介紹一個讓對白框的效果更升級的技巧。在對白框裡加入圖畫或符號，觀眾一看就能理解你想表達的內容，省去詳細說明的工夫和時間。

平時不常畫畫的人也許會受限於既定概念，認為「對白框就是要用來放台詞」。

不過，當你打破既有規則，在對白框裡加上圖畫，就能用一張圖清楚地傳達數條訊息。

如此方便的技巧當然要好好利用！

❶ 顯示內容物

❷ 表面與內心的對照

以下為大家介紹幾個用一張圖傳達數個訊息的技巧。

❶ 顯示內容物

描繪火柴人送禮的場面時，送禮動作畫得出來，卻無法傳達「送了什麼禮物？」這個不足，可以用對白框裡的圖畫來補充說明。

之後還能改變盒子裡的內容物，用來表現各種狀況或人際關係！

❷ 表面與內心的對照

臉上帶著笑稱讚人，心裡其實在貶低對方……現實生活中這種事很常見吧！

❸ 補充說明看不到的部分

用對白框顯示手機的螢幕

除了看得見的表面，連看不到的內心想法也一併畫出來，藉由兩者的對照來表現「口是心非」、「言行不一」的狀況，以幽默的方式來引起觀者的共鳴。

❸ 補充看不到的部分

當你要畫一個人正對著螢幕，例如盯著手機或電腦看的場景，應該很難同時畫出人物的表情，以及他正看著的螢幕畫面吧。

此時可以使用對白框來表現螢幕的畫面，無需文字解說，也能清楚說明狀況！

像這樣活用對白框，可以同時呈現原本看不見的手機畫面，人物情緒和狀況說明一步到位。

❹ 整體與細節

❹ 同時呈現整體與細節

而且，對白框可不是專屬於人類的東西。在機器或建築物這類無生命體加上對白框，也能幫助你更簡單清楚傳達某個概念。上方這張圖雖然沒有文字說明，卻可以用來表現各種情境，例如：

- **遠端工作的推廣**
- **線上客服**
- **線上課程或線上面試**

根據你的用途加上單字或關鍵字，一張詳盡的圖解就完成了！

繪畫技巧 9

火柴人二人組的繪畫訣竅

只要學會畫火柴人二人組，你的表現力將一口氣大幅躍升。二人組不僅可以代表「你和我」兩人，也能用來表現「賣家和買家」、「自家公司和別家公司」、「日本和其他國家」、「好的案例和壞的案例」等廣泛的概念。

你也許會覺得「二人組不就是將兩個火柴人畫在一起嗎？哪有什麼訣竅？」其實，畫的時候是否加入巧思，效果可是天差地別。再加上動作和表情，人際關係或情境的呈現將更為具體。

在此，我們假設一人是發話者，另一人是傾聽者，來畫火柴人的二人組合。

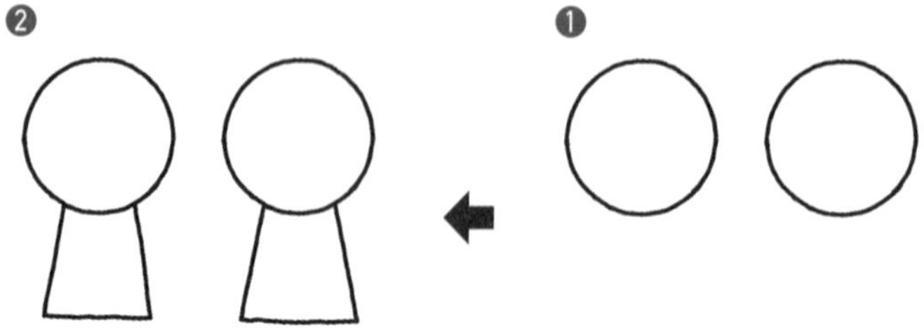

【畫法】

❶先畫兩個「○」

首先，畫兩個代表頭部的「○」。

比起一次先畫完一整個火柴人，接著再畫另一個，兩個火柴人同時交替著畫，不僅構圖比較容易，也方便確保視覺的平衡。

❷畫兩個「梯形」

在兩個「○」下方，畫上「梯形」。

這個形狀就像古代日本的「前方後圓墳」。兩人說話的情景畫上半身即可呈現，在此省略腰部和腿部，讓畫面更簡潔。

❸畫「雙手」

一般情況下，手都會先從「手臂」開始畫，但這樣也容易成為破壞構圖平衡的主因。事先決定「手掌」的位置，是確保視覺平衡的關鍵。這就是94頁「繪畫技巧②」中提到的「先決定終點」。

❹畫「雙臂」

手掌畫好後，再加上雙臂。

從「頭部的○」和「梯形」的兩個接點，以「V字線」連接「手掌的○」。左邊的火柴人（賣家）雙臂張開，右邊的火柴人（顧客）雙手則放在胸前，以此呈現兩人不同的個性與立場。

❺

❺加上「表情」

接下來只要將「眉毛」、「眼睛」和「嘴巴」放在適當的位置即可。

上圖中，左邊火柴人（賣家）的眉眼嘴微微靠右，右邊火柴人（顧客）的則稍微靠左，只要改變眉眼嘴的位置，無須刻意彎曲火柴人的身體，也能畫出兩人面向彼此的效果。此外，改變臉部五官的形狀，火柴人的個性也會跟著不同。

將左邊火柴人（賣家）的眉毛抬高，表現出充滿自信的樣子。嘴巴畫三角形，嘴角上揚臉上帶笑，再搭配手勢動作，就是自信滿滿向顧客介紹商品的賣家。

右邊火柴人（顧客）的眼睛則畫成小圓圈，就成了兩眼放光，一臉著迷聽著賣家解說的買家。

❻用「漫符」增加細節

加上漫畫符號（漫符），畫面變得更具體生動。在此我們以「三條線」為例，左邊火柴人畫在臉的旁邊，用來表示「發聲」；右邊火柴人則是畫在頭頂上方，用來表示「在意」。

儘管都是三條線，畫的位置和長度不同，代表的意思也截然不同，是不是很有趣呢！

＊

怎麼樣？為了讓初學者也能輕鬆畫，除了〇以外，其他部分只須畫「直線」即可，請各位務必嘗試。

一旦掌握基礎的畫法，只需加上表情或符號，例如：驚嘆號、箭頭、關鍵字、心形符號……。就能表現處於各種關係的兩人。

●加上驚嘆號、箭頭或關鍵字

在研討會或簡報中活用這些符號或元素，藉此突出研究問題或重新定義，將議題提高至「新發現」的層級，強化給人的印象。

●加上心形

若想更進一步，表現「將心意寄託在話語傳達給對方」，心形無疑是最好用的符號。心形漫符給人一種內心興奮不已的的雀躍感，最適合畫「想要傳達自己真正心意」的火柴人。

如果是完全相反的情況，又該如何表現呢？

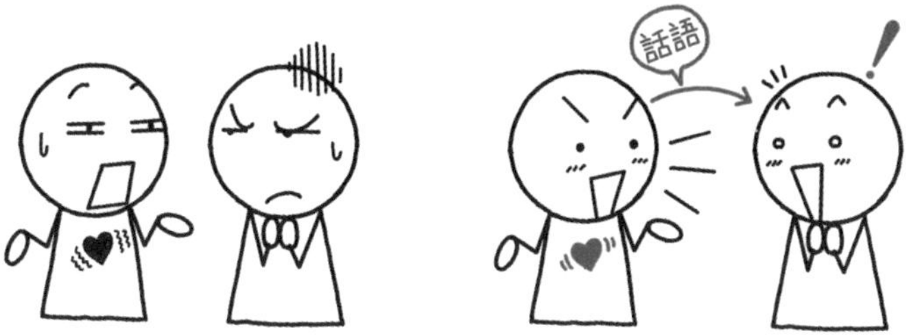

●改變心形的顏色和表情

話裡缺乏真心……就是上面左圖這樣的感覺吧！兩個火柴人的姿勢明明跟之前一樣，只是調整一部分細節，就能表現完全相反的情境。

像這樣子，如果想要呈現「Before & After」或兩者的對比，以相同的構圖來解說更簡單易懂。上面這兩張火柴人的對照圖，最適合教授說話或演講技巧的講師，或是傳授銷售技巧或待客話術的專家，應該可以為你的課程增添不少趣味。

❶先畫手

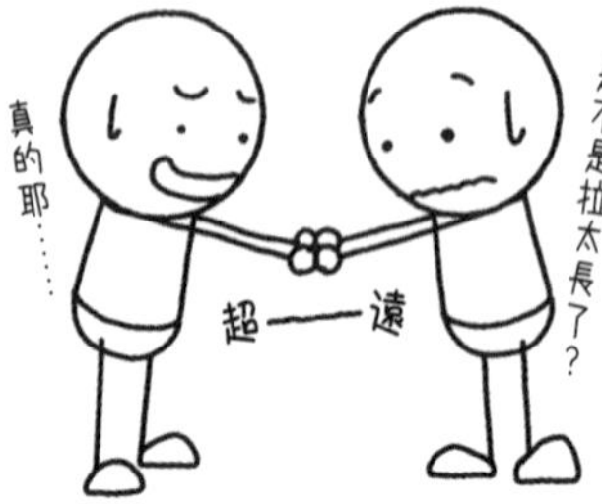

兩人握手的場景

想要畫兩個火柴人面對面握手的場景，94頁「繪畫技巧②」提到的訣竅，是保持畫面平衡的關鍵。

如果按照一般邏輯，先畫身體再畫手，不是兩人之間的距離感不夠協調，就是手臂一不小心畫得太長或太短，容易顯得不自然。

建議第一步先從「兩人互握的手」畫起。

先決定手的位置，再以手為基準，邊畫邊調整兩人身體的位置和距離。

至於最後要注意的「手臂長度」，由於有互握的手作為起點，畫的時候不僅方便掌握畫面的平衡，也更容易決定肩膀（終點）的位置。

❷ 決定身體的位置

❸ 手臂的長度一致

畫握手動作的時候，不妨換個角度思考，不是「延伸手臂或腿」，而是「用手臂或腿連接」，更有助於你掌握「繪畫的訣竅」。

「握手的火柴人」可以表現：

- **感謝**
- **慰勞**
- **稱讚**
- **合作**
- **達成協議**
- **面對面交流**
- **問候**

適合用來呈現職場或日常生活中的各種情境。

線條與箭頭是提升解說力的魔法

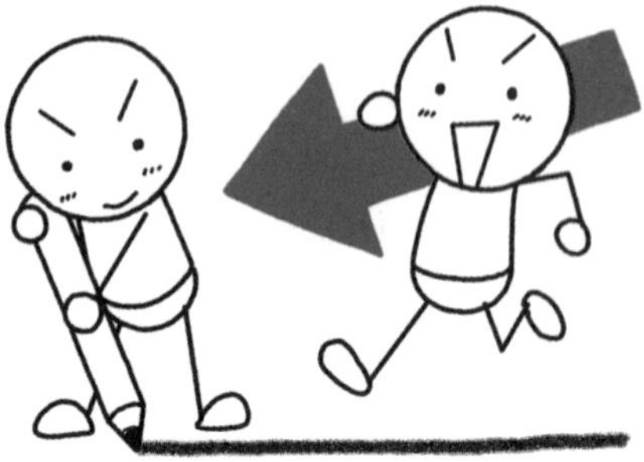

學會畫二人組合以後，接下來要教大家更多不同人際關係的表現方法。只要懂得替平日隨手畫來的「線條」和「箭頭」賦予各種含義與角色，你的畫將擁有驚人的「解說力」。

理解線條和箭頭可以用來代表什麼意思，在畫畫的時候加以活用，表現力也會隨之大幅地提升。再搭配兩個火柴人，就能以獨特的視覺呈現方式，來表達各種「人際關係」。

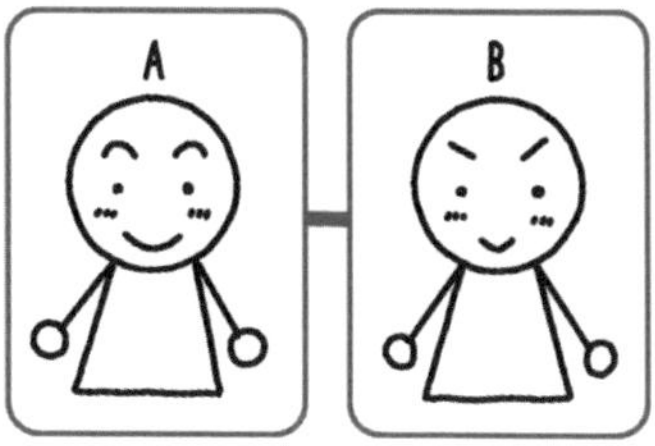

❶ 連結

❷ 等同

【火柴人表現「人際關係」的九種模式】

❶ 連結

在兩個火柴人之間加入線條，用來表現兩者之間的「連結」。運用線條的粗細、長度，來呈現不同的連結強度。只用線條無法清楚表達的話，還可以畫方框圈住火柴人，這樣「圖解」的效果更強。

❷ 等同

在兩人中間畫上「＝（等於）」符號的話，會有「配對成組」的感覺。即使兩人是不同的個體，只要彼此的立場、個性、思考模式或價值觀有共通之處，就可以用等號來連接他們！

③ 變化

④ 經過・因果

③ 變化

這是課程或講座中最好用的圖解模式！

基本上，圖中兩個火柴人大多代表同一個人。這種表現模式可以廣泛應用在講座或銷售，用來描述變化、成長、進化、發展……。

④ 經過・因果

跟③的「變化」一樣，箭頭代表時間的經過，可以同時表現「丟東西的人」和「被東西砸到的人」。只用一張圖就能讓人感受到動作及時間的變化。

想要用簡單好懂的方式來解釋事態的原因及結果，這款圖解絕對是不二之選！

❺ 對立

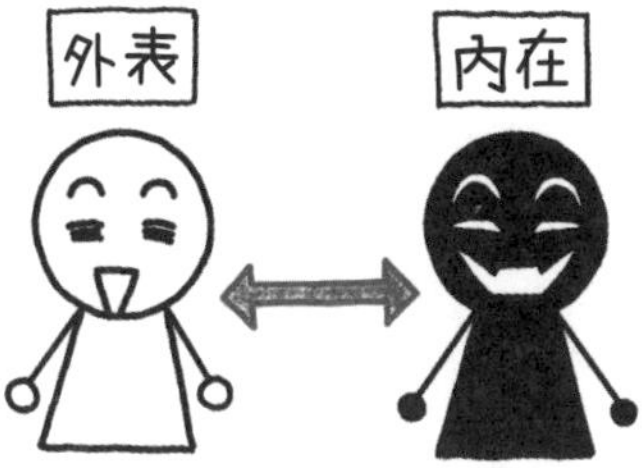

❻ 相反

❺ 對立

箭頭的末端分別指著兩個方向，營造出彼此對抗或劍拔弩張的緊張氛圍。

這個模式適合用來表現「針鋒相對」的對立關係。

❻ 相反

同樣是雙向箭頭，這一款表現的則是「相反」的對照關係。

火柴人既能代表同一個人，也能用來代表不同的人，用來說明截然不同的個性或類型、思考模式或價值觀的差異這類人際關係。

⑦ 交換・交易

⑧ 強弱

⑦ 交換・交易

兩隻箭頭分別指著兩個方向，代表「雙向性」，用來表現兩者之間的相互往來。

對人說明商業模式的時候，這款圖解相當實用。

⑧ 強弱

即使是雙向的兩隻箭頭，也能藉由不同的顏色、粗細，來表現兩者之間的強弱、優劣、關係不對等這類權力不平衡。

活用兩個火柴人的大小差異，可以更清楚地傳達你想表達的信息。

❾ 否定・停止

❾ 否定・停止

在箭頭上打「×」，代表被拒絕或雙方的關係遭到阻斷。藉由左邊火柴人（被拒絕那一方）的表情，例如驚訝、沮喪、悲傷……來表現各種被拒絕的情境。

＊

只要跟人或社會打交道，你會發現無論工作或是私生活，自己和他人之間都存在著各種人際箭頭或線條。當你可以像這樣用火柴人來說明自己與他人的關係，圖解能力自然有所提升！

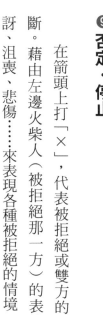

區分年齡和性別

畫火柴人很簡單，只需線條和○△□即可畫成。

接下來只要調整臉部五官的分布位置，再添上幾筆，就可以區分男女，或是表現成人、兒童、老年人的特徵，畫出原創的角色或漫畫肖像畫。

區分年齡

在此跟大家說明區分火柴人年齡的繪畫重點。

跟肖像畫捕捉人物特徵的方法類似，只須稍微改變眉毛、眼睛和嘴巴的位置，或是加上幾筆線條，就能夠表現年齡的特徵。

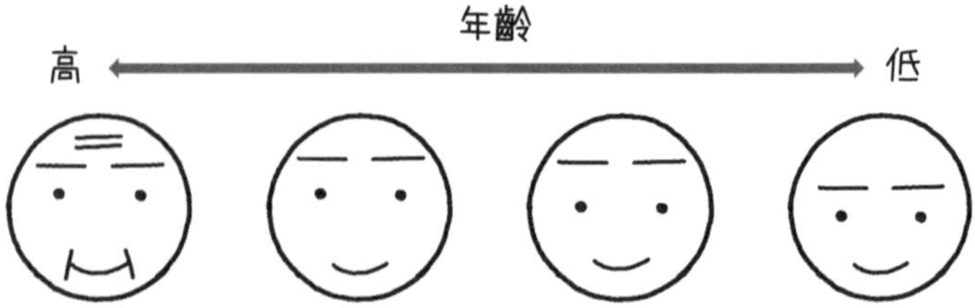

同樣的線條和點，光是將臉部五官畫得低一點，火柴人的臉就會顯得更年輕；眼睛和嘴巴之間的距離拉開一點的話，就可以表現成熟的大人氛圍。

區分性別

想要區分男女的話，可以靠髮型來增加變化。

畫髮型時不須一根根畫出頭髮，只要抓出瀏海以及整體的輪廓，用實線畫即可。就算是同一款火柴人，只要改變髮型，看起來就是完全不同的人，對吧？

髮色部分，只須用「斜線」填滿髮型的輪廓，火柴人就成了有模有樣的人物畫。

如果可以增加髮型的變化，甚至可以靠一款基礎火柴人，創造出多個性格迴異的角色呢！

第4章

活用火柴人的圖解訣竅

讓說明更簡單好懂的進階用法

本章中，將介紹活用火柴人的具體方法。
身為「用畫畫做簡報」研究所的負責人，
我可以自豪地說，接下來要傳授給各位的
是我的拿手好戲（自誇一下，不好意思）。
那麼，讓我們一起來看「火柴人的圖解訣竅」吧！

火柴人的圖解

訣竅❶

用「Before & After」的對比來講述故事

●說明案例「問題解決型簡報」

銷售或簡報最重要的一件事：不要劈頭就急著介紹產品或服務的特色和功能。你應該先從客戶的痛點或煩惱切入，描繪問題解決以後的理想未來，讓對方意識到現下與將來之間的差距有多大。

這就是所謂的「Before & After」（前後對比）。這麼一來，自然會激起客戶「想要！」「需要！」的衝動，覺得你的產品、服務或資訊有價值，因此生出濃厚的興趣或關

心。這也是購物頻道或廣告裡，經常用來煽動消費者購買衝動的手法。

那你要不要也試著在日常的工作或生活中活用這一招呢？還是明知有這麼好用的方法，卻仍不自覺地在簡報時直接進入正題呢？

此時，「火柴人」就可以派上用場。

將火柴人當成故事主角來構思簡報架構，有助你順利傳達想說的話。

諸如活動的集客、商品或服務的推銷、教練或企業內訓的諮詢，最適合借用火柴人的力量推進這類問題解決型的簡報。我的插畫課程就經常使用四格圖解，將簡報內容分為四個部分來說明。

揭示理想未來

整理問題

● 客戶的煩惱是什麼？

具體來說，對方目前的煩惱是什麼呢？聚焦在客戶的心情，**將問題具象化**。

如果能透過火柴人的表情，表現對方當下的狀態和情緒，就可以突顯問題的「具體性」。或是舉之前的成功經驗為例，回顧「自己當時解決了怎樣的煩惱」。

接著思考「希望對方能有什麼正向的改變？」**想像客戶的理想未來**。

理想與現實之間的差距越大，對方就越「需要」你提供的解決方法，自然會認真傾聽你的說明。此時正是**進入正題（你的提案或想要傳達的信息）**的大好時機。

加上情感與信念

進入正題

關鍵在於，能否讓客戶清楚感受到「Before & After」的前後差距。唯有對方做好「傾聽」的準備，各位的簡報才能發揮最大的威力。

一旦客戶明確意識到「現狀」與「理想」之間的巨大差距，你的提案對他們而言就不是強迫或推銷，而是充滿魅力的「福音」。

當你對工作的堅持、對商品的信心化為**信念與情感**傳達給對方，客戶覺得你的商品或服務物超所值，自然生出認同和共鳴，這場簡報就算成功了。

四張圖並列，就可以整合成一頁。

在你開心畫著四格圖解，享受繪畫樂趣的同時，一份有條有理的商務簡報資料也完成了！

在這個充斥著大量商品及服務的時代，人們對於「情感共鳴」的需求越發提高。今後的商品或服務提案，除了要重視功能和效率，也應該具備社會情懷或品牌故事，提供「情感價值」給市場或客戶。

藉由火柴人的圖解，在日常生活中自然融入「煩惱」、「理想的未來」、「提案」和「情感」四個視角，有助於培養適應時代變化的靈活思維，以及引發共鳴的表達力。

火柴人的圖解

訣竅❷

畫線分類資訊

●自我對話的範例「用畫線整理思維」

工作、事業或私人生活中，為了設定目標、規劃行動、解決問題，我們會絞盡腦汁思索點子，並試著整理腦中的各種資訊、知識以及想法，進行思維整理。最常聽到的做法就是「寫下來」。

把腦中浮現的關鍵字或重要字句寫下，將「言語」化為筆記本或記事本上的「文字」，進行「思維的具象化」。不過，有時寫下的文字太多太雜，反而讓人覺得「怎麼越寫越混亂……」這種情況也時有所聞。

而且，當下覺得已經完成思考的具象化，之後回顧卻仍一頭霧水，盯著紙上謎樣的字句，心裡尋思著「我這是在寫什麼啊？」

為了避免這種情況發生，市面上有各種「幫助思維具象化」的技術，採用訴諸於視覺的直觀方式，將思考整理得更清晰好懂。

例如：心智圖、視覺圖像記錄（Graphic Recording），其他還有用九宮格整理思考、畫成一張思維地圖、○○圖解……。

一旦掌握這些技巧，我們就能看到腦中原本雜亂無章的各種資訊、知識或想法之間的關聯。

不過，無論是哪一種方法，有適合的人就有不適合的人，這是很自然的事情……也有可能實際用過以後，發現「用起來不是很順手」或是「希望可以整理得更簡單好懂一點」。

如果說有種方法一點也不複雜困難，而且門檻還超低，只要一條「線」就能實現「思維的具象化」，你會不會想要試試看呢？

答案就是「畫線」。這個任何人都能馬上做到吧！但請你回想一下，自己最後一次畫線，是什麼時候呢？

其實，有「畫線習慣」的人意外地少呢（可能有人會在工作上使用）。希望你務必養成「畫線」的習慣。

會這麼說，是因為我認為「資訊整理的第一步，先從畫線開始」。

面對眼前龐大的資訊……你能馬上判斷哪些重要、哪一個的優先順序更高嗎？

你腦中的資訊是否從未經過分類整理，只是雜亂無章地散落在各處呢？也就是說，處於一團亂的狀態。解決這個問題的方法，就是「畫線整理」。

一旦習慣在腦中畫線，資訊的整理或選擇取捨將變得更容易。可以做到這一點的話，畫畫也將更得心應手。

雖說「一邊畫一邊整理思維」聽起來很帥，在此請先培養「畫線」的習慣就好。光是養成這一個小習慣，就能幫你整理當下和腦中的各種資訊，變得更擅長思維的統整及說明。

● 先從簡單的線開始畫起！

在此為大家介紹圖解最初步的技巧，也就是用「直線」來整理資訊。

❶ 區分

畫一條縱線，將資訊分為兩大類，也就是「分界線」。

❶ 區分

❷ 分類

你可以自行決定要用什麼作為分界的基準，例如「工作或私人生活」、「緊急或長期」、「喜歡或討厭」。光是這一個動作，就能讓你快速分辨並決定優先事項。

也許有人會覺得「這方法未免也太簡單……」實際上卻有很多人不懂得用畫線來區分。

❷ 分類

當你習慣將事物區分為兩類以後，接下來可以再加一條線，做更進一步的細分。

活用四格矩陣整理思維，這方法又叫「矩陣思考」，是圖解技巧中的王道。懂得善用這兩條線，就能大大提升說明力！

「畫線」可說是最適合分類資訊的習慣。

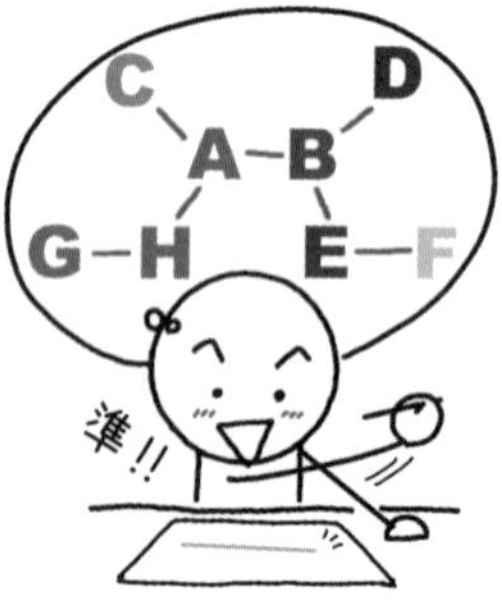

❸ 關聯

❹ 階段・過程

❸ 關聯

線條不僅可以用來區隔或劃分資訊，也能運用在資訊的連結。心智圖就是這種用法的進階版，發現情報之間的各種關聯，不僅有助於資訊的統整，還能催生出新的洞察及發現。

「畫線」同時也是建立資訊之間關聯的好習慣。

❹ 階段・過程

發現資訊之間的關聯以後，接下來可以按照時間或品質來排列，整理出「按照時序發展的過程」或是「品質的階段性變化」之類的關聯性。

將線條連接起來畫成階梯，原本訴諸於感性或直覺的內容也能以理性的邏輯思維來呈現，或是用更具說服力的方式來傳達。

看似普通平凡，實則威力無窮。可以說，「畫線」決定了你的成敗！

令人意外的是，擁有「畫線習慣」的人其實不多。這個簡單的小習慣，將為你看待事物的觀點、思考模式以及表達方式，帶來極大的正向影響！

火柴人的圖解

訣竅③

提升說明力的「3個圓圈」圖解

常見的簡報技巧中，有一個公認效果最好的技巧：

將內容濃縮成三個重點

應該有不少人在簡報或說話技巧的課程中聽過這樣的建議吧？

「三大美女」、「御三家」、「日本三景」、「三聖」……人們喜愛用「3」這個數字來統稱所有事物，因此「三大○○」之類的「認證」很常見。

「3」這個數字容易被人們記住，具備了令人印象深刻的魔力。

我在對人說明時也經常使用「3」的法則，總之就是先列出三個重點。神奇的是，一看到這個數字，聽眾就會感受到某種穩定的一體感或連結。此時再加上插畫，就能發揮最強的說明效果。

將內容濃縮成三個重點以後，接下來要考慮的就是如何運用插畫或圖解，將你想要傳達的內容透過視覺呈現加以「具象化」。

●用「條列式書寫」提升說明力

濃縮為三個重點後，請先寫下「關鍵字」。大多數人都是在投影片或白板直接寫下文字。舉例來說，說明時你必須用到以下三個單字。

運動
營養
休息

「條列式書寫」

■運動
■營養
■休息

「條列式書寫」技巧①

1運動
2營養
3休息

「條列式書寫」技巧②

將重點列出寫下，就是「條列式書寫」。不過，只是列出單字，對聽眾而言，頂多是補充些許的「言語資訊」而已。

進行「條列式書寫」之際，關鍵是在各個單字前加上符號（技巧①）。

在每個單字前畫上黑色的小方塊，只是多了這一道手續，這三個「單字」就變成了「項目」。

一看到這個，聽眾就會下意識在腦中準備好三個抽屜來收納新資訊，作為傳遞信息的人，你已經為自己打造了「方便溝通的環境」。

在□裡加入數字的話，三者的順序將變得更為明確（技巧②）。整體內容有了縱向的連結，聽眾也做好心理準備，可以更專注地傾聽你的說明。

加上火柴人的條列式書寫

此時再加上火柴人的插畫，原本的文字條列立刻升級成圖解，給人的印象大為不同。藉由視覺吸引聽眾關注的同時，也能讓對方瞬間理解內容的概要。

●「3個圓圈」讓你的說明瞬間升級

光是寫下三個重點做「條列式書寫」，就能實際感受到自己的說明變得更簡單好懂。不過，想要晉升至「高手」的等級，就必須靠「3個圓圈」的圖解技巧。

前面提及的「運動、營養、休息」，用「3個圓圈」表現的話，就如上圖。

不同於橫向或縱向的排列，三個圓圈排成三角形，中央部分相互重疊。

在圓圈裡加入關鍵字，三個單字各自代表一個「概

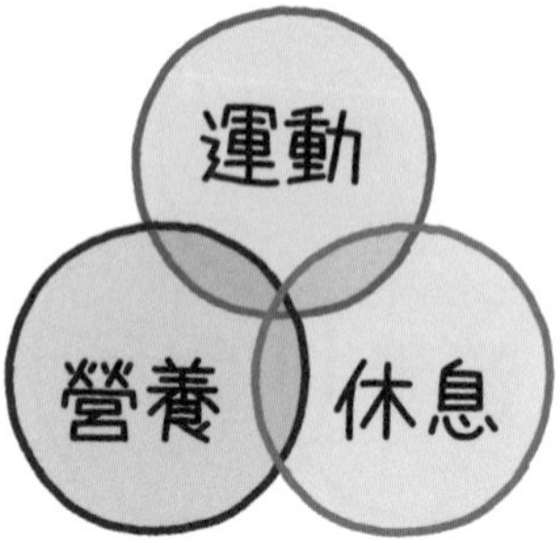

念」。僅僅這麼做，聽眾就會自然聯想到三個單字的關聯。原先看單字覺得毫無關聯的「項目」，加上三個圓圈之後，就成了經過整合的完整資訊！

如果再加上顏色，各個單字之間「重疊」或「共通的部分」會更加突出，彼此的關聯更為明確！此時加上火柴人的插畫，就成了更直觀、更好理解的圖解。

不過，想徒手畫好三個圓圈，需要一些練習。倘若覺得「這有點難度」，建議可以嘗試以下方法。

將三個圓圈畫分開一點，再用直線連起來，也能畫出一個三角形圖解。

還可以在正中央加入整合三個單字的圖像，三個重點和整體面貌同時一目了然，是相當好用的圖解技巧！

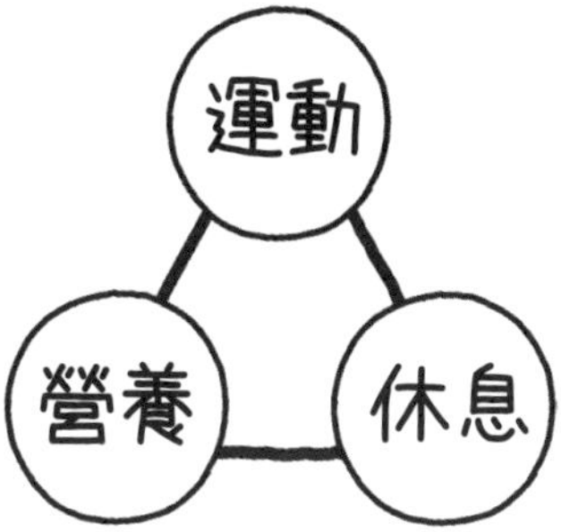

先將重點濃縮為「三個」，
再用「3個圓圈」畫成圖解！

使用投影片、白板、素描本、白紙進行簡報的時候，請務必嘗試這一招！相信你一定會收到眾人「你真會說明！」的讚美！

火柴人的圖解

訣竅❹

適合思維整理的四格圖解

前面說過，我認為所有圖解技巧中用途最廣泛的就是「四格圖解」。

所謂的「四格」並非縱排或橫排的四格，而是中央用十字劃分為四格的方形矩陣。

這對火柴人而言，無疑是最棒的遊樂場。

●商務領域中常用的數字「4」

在商業的專業術語中，諸如「PREP表達框架」、「PDCA循環」、「GROW教練模型」之類的思考框架，都是由四個英文字母組成的。加上火柴人以圖解來呈現的話，就能如下頁那樣，用四個關鍵字來說明。

當人們想要有效思考、精準傳達、確實取得成果，就會使用思考框架，這些技巧的共通點就是：將內容總結成四個重點！

由此可知，分為四個項目思考，非常符合人類思考和溝通的特性，由此才衍生出各種思考框架。

區分成四個重點，有助於思緒的整理。我也將這個框架與火柴人結合，運用在視覺呈現上，希望藉此讓更多人熟悉這個方法。

我在「用畫畫做簡報」的課程或是企業內訓的員工培育計畫中，經常使用「GROW教練模型」的四格架構，來促進學員的改變與成長。

❶ 邏輯說明「PREP表達框架」

讓聽眾可以快速掌握你想傳遞論點的說明順序：P：Point（先講結論）、R：Reason（給出理由）、E：Example（舉例說明）、P：Point（重申結論）。

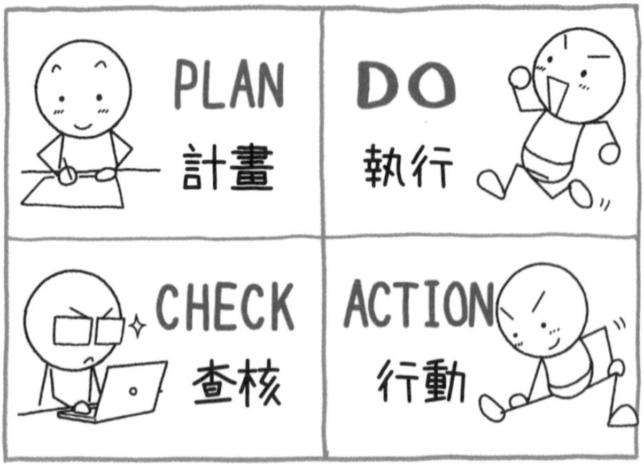

❷ 管理工具「PDCA 循環」

業務改進的思路：P：Plan（計畫）、D：Do（執行）、C：Check（查核）、A：Action（行動）。

❸ 教練常用的思考框架「GROW教練模型」

教練進行指導的四個階段：**G：**Goal（目標）、**R：**Reality（現狀）、**O：**Options（選擇）、**W：**Will（意願）。

以上是使用四格圖解來表現「PREP表達框架」、「PDCA循環」、「GROW教練模型」的例子。至於排列方式，各位可以選擇自己覺得最簡單好懂的方法，書中案例的排列順序為：**①「PREP表達框架」和②「PDCA循環」均為：左上→右上→左下→右下。③「GROW教練模型」則採用打破順序的排列方式。**「現狀」放在左下，「目標」放在右上，刻意引導觀眾的視線自左下朝右上走，藉由這樣的配置突顯「成長」和「發展」的印象（下頁「阿德勒心理學總結」的四格圖解也採取相同方式）。

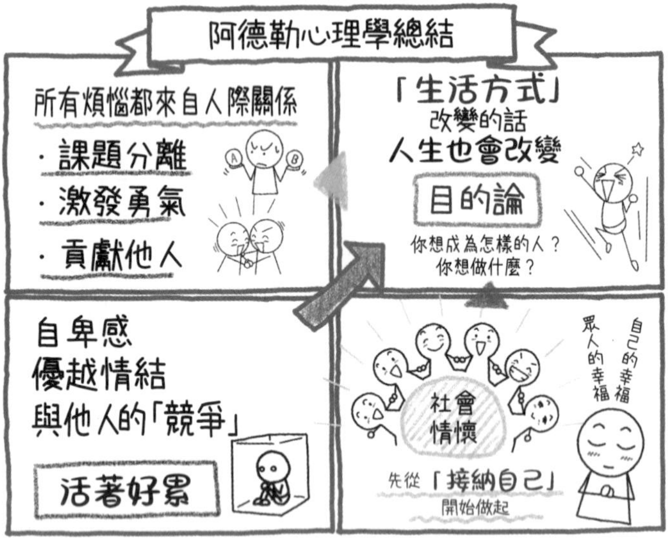

問題解決的思考框架

加上插畫的四格圖解能用條理分明的直觀方式整理思維，適合作為問題解決的思考框架。

將腦中的想法依照既有框架整理後輸出，化為肉眼可見的文字和圖像，既能將原先四散在腦內各處的情報梳理得脈絡清晰，自己對人說明之際也能更有底氣，用更清晰易懂的方式傳達給他人。

上面的四格圖解就是使用問題解決的框架和「箭頭」來整理「阿德勒的心理學」。

這裡的「四格」，不是縱排或橫排的一列，

而是用方形矩陣引導視線的切入點，讓人更容易掌握內容或主題的概要。

●自我對話的範例「火柴人的行動計畫」

有些人在工作時會制定一週或一天的行動計畫。光是文字的話，可能會覺得提不起勁、缺乏動力，或是因為訊息量太大而不耐煩或洩氣。

如果能夠像上圖這樣，加上可愛的火柴人插畫，將主觀的情緒與客觀的行動計畫連結起來，制定計畫時也會更來勁吧！

上圖是參加我插畫課程的學員，將自己一週的行動計畫整理成的四格圖解。

❶ 本週要解決的課題

❷ 一週後的理想狀態

❸ 達成目標該做的事

❹ 需要具備的心態

將這四個項目用文字和火柴人整理成一張四格圖解，製作一目了然的行動計畫。

在規劃每天的行動計畫時，還可以用火柴人的表情提醒自己該用怎樣的情緒（心態）來面對，以及想以怎樣的心情來結束這一天。

光是文字說明還不夠，如果能夠加上插畫，製作出結合了情感與思考的行動計畫，就可以用積極正面的心態迎接每一天。

原本容易顯得枯燥無趣的矩陣分析或分類，一旦加上插畫，說明就會變得更清楚好懂，還能用箭頭之類的符號，賦予其「故事性」。

看到火柴人的四格圖解，聽眾一眼就能理解你想傳達的內容！因為四格圖解具備了以下三大特徵：

❶由於空間有限，信息量更為精簡

❷加入火柴人，文字圖像互相連動

❸簡單的版面架構，加深客觀印象

學會在生活中使用四格圖解整理思維&傳遞訊息，不僅可以達到有效溝通，也更容易發現讓未來更加美好的改良點！

四格圖解的參考例子

將事物區分成四類整理情報的方法，就是「四格圖解」。

搭配不同表情或姿勢的火柴人，即使是有些嚴肅的主題，也能用讓人覺得親切溫暖的方式來傳達。

以下舉幾個例子，供大家在繪製四格圖解時參考，希望能對各位有所幫助。等熟悉以後，你也可以嘗試屬於自己風格的改造喔！

表現肉眼看不見的事物

像腦內物質這些微觀世界的事物，我們一般無法用肉眼看見，對吧？在這種情況下，與其傷腦筋如何描繪這些物質，不如用火柴人來表現這些物質所誘發的效果或狀態。

表現不同領域

用插畫和不同動作來具體呈現各種活用「繪畫」的活動或領域。

表現特性

利用姿勢及動作，來表現人的行動、思考模式之類的典型人格特質。

表現概念

社會現象這類抽象的概念，加上火柴人就能成為幽默風趣的比喻。

火柴人的
圖解

訣竅5

階梯圖解與火柴人

想要按部就班進行解說時，「階梯圖解」無疑是最強的視覺傳達方式。本節為大家介紹「階梯圖解」以及繪製重點。

●按照順序說明時，用「階梯」最方便

「今天的講座分成三個部分講解。」

「此次的事業拓展計畫將分七個階段進行。」

「解決問題需要五個步驟。」

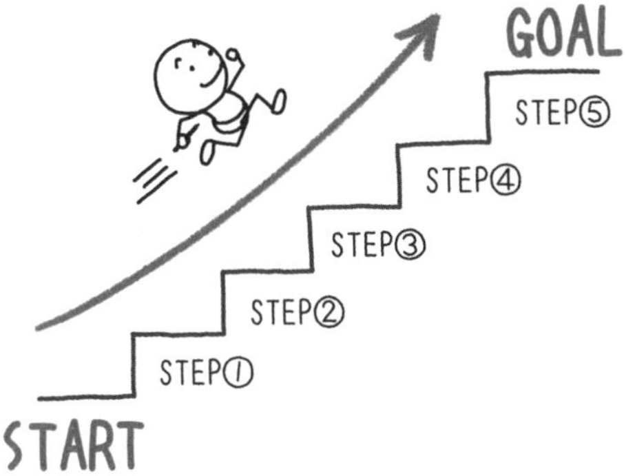

擅長說明的人都用這樣的表達方式，對吧？

事先以數字提示接下來要說明的重點，「喔！要記的重點有五個！」聽眾就能先在腦中準備五個接收新資訊的「抽屜」，做好「傾聽的準備」。

只是，一開始的導入部分這麼做效果固然不錯，倘若講者一味依賴自身的口才，之後說明時可能會變得過於拖沓。這麼一來，台下的聽眾可能會忘記前面的內容，或是搞不清楚講者現在說的是第幾個重點……諸如此類的情況都有可能發生。

之所以會發生這些問題，主因在於聽眾沒有掌握講者想要傳達的「整體脈絡」。關於這一點，建議可以用插畫來輔助說明。

當你要解說的內容必須依序傳達，或是分成好幾個階段說明，「階梯圖解」無疑最方便的表達方式。

只要準備這個，你就能描繪「逐步升級」、「階段性成長」、「持續上漲」、「持續發展」、「持續改進」這樣正向積極的整體面貌，加上火柴人還可以營造往上攀登的印象，給人一種「容易挑戰」、「容易加入」、「容易參與」的感覺。

從上圖我們可以知道，即使沒有畫出階梯，這張圖也能表現同樣的意思。不過，這張圖是不是給人一種不夠安定的感覺呢？

如果「下一點工夫」畫階梯來表現，不僅可以創造「適當的留白」，還能將每個關鍵字區隔開來。透過這樣的呈現方式，聽眾既不會覺得講者的說明太過拖沓，還能好好地梳理自己接收到的情報，逐一分類收納進腦袋裡的「抽屜」。

●畫出漂亮「階梯線」的訣竅

如果你要說明的是有關「階段性升級」或「循序漸進」的內容，請務必使用「階梯圖解」。

儘管看似簡單，其實要畫出漂亮的階梯並不容易，甚至有人因此放棄使用階梯圖解。

由於階梯看起來是一條鋸齒狀線條，導致人們在畫階梯時急於一氣呵成畫好！畫不好階梯的人，大多採用這種「一口氣畫完」的畫法。不過，用這種方式畫的階梯，不是線條彎曲，就是整體構圖容易失衡，效果不太理想。

乍看之下一筆就可以畫成的線條，實際畫的時候必須「分段畫」。

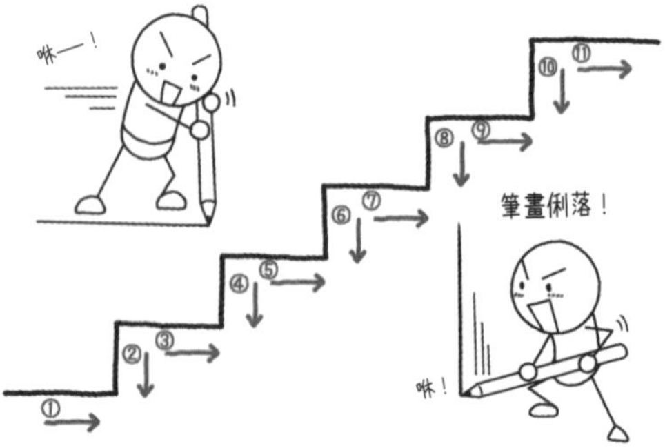

橫線+豎線+橫線+豎線……

像這樣子，組合每一小段線條！

請記住，階梯不是「一條」鋸齒狀的線，

而是由一段段的橫線及豎線組合而成！

掌握這個要點，仔細畫好每一小段線。

人們在畫階梯時，出於「由下往上爬」的既有印象，習慣從下方的階段一級一級往上畫。有些人畫豎線時會順著先前畫橫線的勢頭由下往上畫，在此我建議採取相反的做法，也就是畫豎線時「由上往下畫」。

理由是，這麼畫比較容易衡量上下兩級階梯的高度是否平均。在投影片或白板使用階梯圖解，再加上你想傳達的關鍵字，就能立刻發揮圖解的效果，迅速晉升為「擅長解說」的簡報高手。

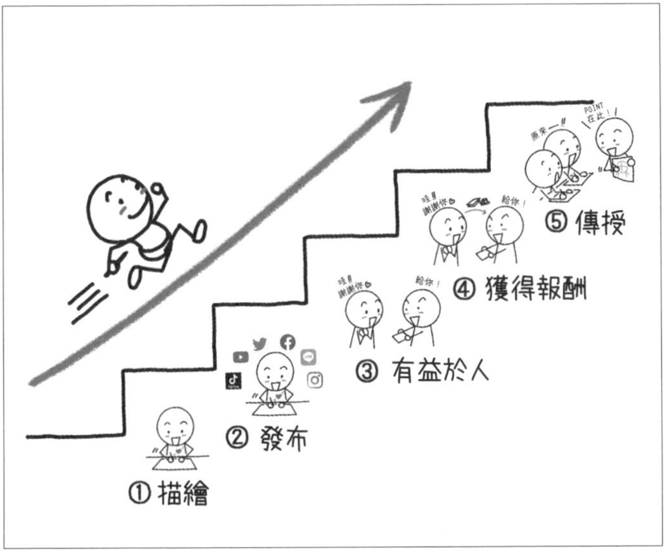

「階段性升級」的圖解

用火柴人表現變化・成長的過程

比方說：

在階梯底端畫「負面火柴人」。

在階梯頂端畫「正向火柴人」。

階梯中間則畫「行走火柴人」、「奔跑火柴人」。

這麼做能為你的解說賦予「親近感」和「人情味」，激發聽眾的興趣與關注。大家一定要挑戰「階梯圖解」＋「火柴人」的絕妙組合喔！

火柴人的圖解

訣竅❻

三角形圖解與火柴人

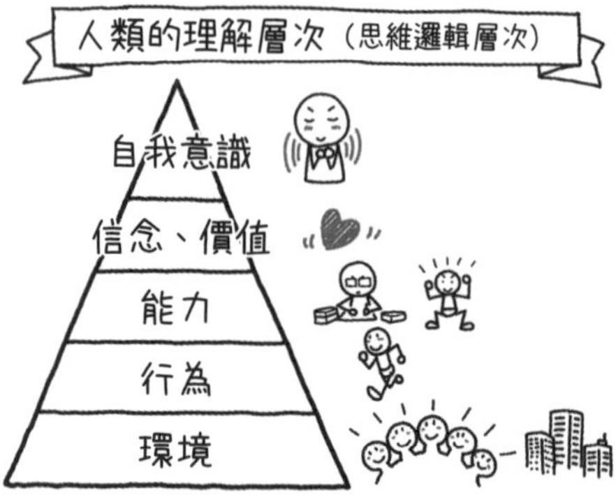

●金字塔圖解

三角形圖解中最多人使用的，應該就是「金字塔圖解」吧？

用橫線將三角形劃分為數層，每一層加上關鍵字，既能表達情報由下往上層層累積的概念，層次分明的「階段」、「階層」架構也能讓人一目了然。

舉例來說，身為一名NLP高階執行師（NLP master practitioner），我所學的NLP身心語言程式學（Neuro-Linguistic Programming，又有「大腦操作手冊」之稱）將人類的理解（思維邏輯）分為五個層次。

只要懂得這五大理解層次，與他人的溝通將變得更容易，右頁的金字塔圖解可以說明這個道理。加上火柴人的插畫，文字內含的意義更為具象化。

●漏斗圖解

將金字塔上下翻轉，就成了「漏斗」形狀。漏斗也很適合用來表現階段或層次，最常用來呈現行銷或商業模式中的「過程」。

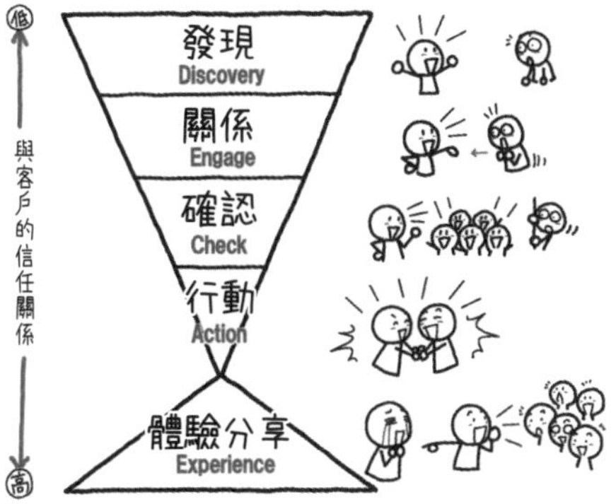

上圖以日本電通公司於二〇一五年提出的消費者行為分析模型「DECAX模式」為例，用漏斗和火柴人來圖解說明。

繼「AIDMA法則」、「AISAS模式」之後，「DECAX模式」被稱作第三代消費者行為分析模型，是內容行銷中理想的消費者行為過程。期望「火柴人的繪畫技巧」也能像這樣得到廣泛的應用！

●三角形圖解

前文提過，將說明內容聚焦為「三個觀點」或「三大要素」，是一種簡單易懂的傳達方式。

活用三角形圖解來表現三個關鍵字的關聯，可以強調三者的整體印象，在三角形中央加入圖像的話，整體的一體感將更為突顯。

像那些漢字過多或是冷門的專業用語，如果可以加上圖解或圖像來輔助理解，觀看的人應該也能更安心地接收信息吧？

使用三角形圖解，不僅能讓說明更簡單好懂，還能獲得三角形的強大能量，為自己提振心情。

不過，直接套用電腦或應用程式的功能，容易導致圖解變得單調乏味，或是畫面不夠協調，使用之際必須多加注意。

即使只是簡單的數筆也好，挑戰用手繪的方式加上火柴人，你的圖解一定會變得更有溫度、更打動人心。

「棒」字背後的驚人含義！

「火柴人」的日文是「棒人間」，大家有沒有想過其背後有何特殊含義？應該沒人想過這個問題吧（笑）。

一般的說法是，結合了直線和形狀的火柴人，看起來就像「棒」的組合體，因此才得名「棒人間」。話說，「棒」這個字本身究竟有何含義呢？根據日本「weblio國語辭典」的解釋：

棒

1.細長的木材或金屬。

2.用棍棒打。

3.筆直的線條。

4.形容「單調」、「一成不變」。

此外，「棒」字中的「奉」意味著奉獻、奉納、崇拜……有尊敬神明、大自然與人之意，給人禮貌周到的印象。看到這些說明我不禁浮想聯翩，心想也許還有更深層的含義在內……。

進一步調查之後，我發現「棒」這個字在中文裡不僅意指鐵棒或棍棒之類的棒狀物，當作形容詞使用的話，還有「了不起、厲害」的含義在內。

「棒」字內含的褒義

具體來說，「棒」這個字在中文裡是如何使用的呢？

「你好棒」意指「真厲害！」

「你很棒」意指「你真的很強！」

這個字通常用來誇讚對方的行為，搭配豎起大拇指的動作。社交媒體上經常用「超棒的」來稱讚人，意思等同於「點讚」。

如果中文的「棒」字有「厲害」、「超讚」的含義在內，那日文的「棒人間」在中文是否意味著「厲害的人」或「超讚的人」呢？好像沒有。中文通常不會用「人間」二字來指稱「人」。不過，正如「人間萬事，塞翁失馬」這句話，「人間」意指的是「這個世界」或「人世間」。（編註：日語的「人間」則意指「人」或「人類」。）

從「棒」和「人間」的中文含義，我認為（儘管有些牽強附會就是……）「棒人間」也可以解釋為「超讚的世界」。這個含義是不是很美好呢？

透過描繪更多火柴人並持續對外分享，這個世界將充滿「棒」的能量（美好、強大的正能量）！

我想跟「好棒棒火柴人」一起共創美好的世界！這樣的想法若是能夠傳遞給更多人，那就真的「太棒了」！！！

中文裡的「超棒」短句

一起開心使用「好棒棒火柴人」吧！

中文的「棒」有「好厲害！」「很讚！」的含義在內，畫「火柴人」的時候，如果也能將這個字內含的正能量放在心上，這世界一定會充滿更多美好的交流。你畫的火柴人真是「太棒了！」

❶ 超棒的！

中文圈的年輕人經常在社交媒體使用這句話，意思是「超讚的！」

❷ 太棒了！

「太強了！」「太厲害了！」「太好了！」的意思，中文裡「太～了」的句型，大多用來形容「最高等級」。日語中的「太」有「胖」的意思在內，所以火柴人也跟著畫胖一點！

❸ 你好棒！

讚美對方時說的話，意即「你真了不起！」「你太厲害了！」

❹ **你很棒！**

這也是讚美對方的話，意指「你真了不起！」「你好厲害！」「很」代表「非常」，「你很棒！」是最高等級的讚美。

❺ **非常棒！**

「非常」兩字意指「程度非比尋常」。在此我為火柴人加上金箍棒，用來強調「棒」的程度。

❻ **好棒棒！**

「好」字加上有讚美之意的疊詞「棒棒」，這是用來大力稱讚人的好話。疊音聽起來很可愛，最適合用來稱讚小小孩。

❼ **真棒！**

這句讚美可以用來形容人或事物，適合用在各種場合，「真」這個字有「實在太～了！」的意思在內，所以我在火柴人眼中加入閃閃發亮的光芒。

結語…讓火柴人成為你的最佳拍檔

「將繪畫或插畫活用在工作。」

這句話說來簡單，真要在工作現場實踐這件事，其實需要極大的勇氣。以我自己為例，一開始為商務人士開設插畫課程時，我也很擔心是否能被大家接受。即便是現在，每次到初次合作的企業舉辦培訓，在素未謀面的學員面前第一次畫畫時，我依舊會覺得緊張。

前來向我學習畫「火柴人」的學員裡，也許有人會擔心在氣氛嚴肅的職場及客戶面前畫圖或是秀出自己的插畫，可能會被對方責備或當作「怪咖」，因此猶豫不決，遲遲不敢行動，或者乾脆放棄。那麼，怎麼做才能創造「在工作活用繪畫」的機會呢？這就是我最後要教各位的事。

答案其實非常簡單，就是「畫完後一定要秀給別人看」。「還是等我畫好一點再給人看……」千萬別用這種模糊不清的標準限制自己（笑），即使畫技還不熟練也無妨，想要畫好就必須堅持練習。關鍵是持續將自己的畫展示給他人看，就算只是在備忘筆記畫上簡單的火柴人也ＯＫ！

實際行動後，你會發現自己的畫意外地頗受好評。每個人都希望能開心工作，在愉快的氛圍中與他人交流。不必急於求成。你一筆一畫親手畫的火柴人，將逐漸緩和周遭的氛圍。只要堅持下去，你畫的火柴人一定能得到眾人的讚美、認可、稱讚、感謝及愛戴。

原先的「不安」或「恐懼」，將在不知不覺間轉變為「自信」。火柴人將豐富你在日常生活中與他人的每一場交流。

期望這本書能為你帶來啟發，將「繪畫」視為和「說話」及「文章書寫」同等重要的溝通技巧，達到精準有效的人際溝通。

二〇二三年二月

河尻光晴

參考文獻

《塗鴉思考革命：解放創意隨手畫！愛因斯坦到愛迪生都愛用的DIY視覺思考利器》
（桑妮‧布朗〔Sunni Brown 〕／著、劉怡女／譯、大寫出版）
“Visual Thinking: Empowering People & Organizations Through Visual Collaboration”
（Willemien Brand 、2018、無繁體中文版）
《一看就懂的會議圖表記錄術！》
（清水淳子／著、林佳翰／譯、楓書坊）
『アイデアがどんどん生まれるラクガキノート術実 編』
（タムラカイ／著、枻出版社、2016、無繁體中文版）
《被討厭的勇氣》
（岸見一郎、古賀史健／著、葉小燕／譯、究竟）
《簡單說：7個公式教你複雜話輕鬆說》
（犬塚壯志／著、沈俊傑／譯、瑞昇）
《擺脫無效溝通的「插圖傳達法」：Google、Amazon等全球企業都在用！》
（松田純／著、蘇聖翔／譯、台灣東販）
《就算要考吉卜力 也不能不會畫鋼彈》
（室井康雄／著、沈俊傑／譯、瑞昇）
《圖像思考的練習：這樣做，推動10億生意、調解糾紛、做出成果》
（平井孝志／著、李璦祺／譯、先覺）
『「会議ファシリテーション」の基本がイチから身につく本』
（釘山健一／著、すばる舎、2008、無繁體中文版）
《漫符圖譜：日本最古老漫畫教你這樣看漫畫》
（河野史代／著、蘇暐婷／譯、木馬文化）

免費贈品說明

我們向本書讀者提供
「火柴人繪畫課程」〈初級篇〉
作為禮物。
您可以免費享受影片課程！
（一定要看喔！！）

請搭配隨書贈送的練習冊一起使用，學習效果加倍！

※請注意，本服務可能在事前未通知的情況下終止，尚請見諒。

青丘家 GN004

好棒棒火柴人的神簡報術

作　　者　河尻光晴
譯　　者　蔡幼茱
編　　輯　鄭淑慧
封面設計　周家瑤
美術設計　洪素貞

出　　版　青丘文化有限公司
地　　址　114048 台北市內湖區東湖路113巷49弄29號3樓
電　　話　02-26306272
郵　　件　greenhills.cheng@gmail.com
印　　刷　呈靖彩藝股份有限公司
初版首刷　2024年2月

總 經 銷　大和書報圖書股份有限公司
電　　話　02-89902588

國家圖書館出版品預行編目資料

「好棒棒火柴人」的神簡報術：沒有口才也不怕，
即使手殘也能畫！手繪火柴人的圖解視覺溝通祕笈
／河尻光晴著；蔡幼茱譯 .
初版 . -- 臺北市：青丘文化有限公司 , 2024.02
192 面；14.8*21 公分
ISBN 978-986-06900-6-4(平裝)

1.CST: 簡報 2.CST: 設計 3.CST: 圖文傳播

494.6　　113000023